酸辣開胃！

東南亞涼拌、主食、甜點和飲品

詳細食材介紹與做法說明，
料理新手也能學的南洋風美食

精選越南、泰國、馬來西亞風味，
享用料理，來趟異國之旅

陳友美 Yumi 著

r

朱雀文化

真正的美食不需要言語

編輯室
報告

　　旅遊與美食是大多數人都很熱愛的事，尤其是在異國風景下大快朵頤，絕對是人生中最美好的時刻之一。然而，2019 年底開始蔓延且越來越嚴峻的 COVID-19 疫情，使得出國旅遊成為一個無法實現的夢；更嚴重的國家，如臺灣，在 2021 年 5 月起，連到飯館用餐也被禁止。無法外食，於是人人練功，開始成為家中主廚；但再怎麼厲害的廚師，還是得為一日三餐的料理傷腦筋，當日常的菜色已經不能滿足自己和家人的口腹時，我們開始尋覓更多具特色的異國風味。在這個時候，Yumi 被我們發現了她的好廚藝，於是邀約她製作了這本酸甜苦辣風味俱足的東南亞食譜。

　　與時下年輕人相比，Yumi 是個良善又上進的青年！在越南取得法律系學士學位後，來臺灣念餐飲系，一心想著趕緊畢業返鄉開餐廳幫家人蓋房子。然在畢業前接觸到慈善團體，於是她放棄賺錢的夢想，在非營利組織裡從事翻譯工作，以幫助更多在臺灣的越南人。藉由翻譯工作，Yumi 看到臺越之間存在著語言不通造成的種種誤解，「真正的美食不需要言語」，Yumi 想藉由自己擅長，且大多數人熱愛的東南亞料理，拉近心與心的距離。

　　本書拍攝期間，有幸品嘗數道 Yumi 的料理，道道驚艷、美味無比，大多數很多食譜做法簡單快速，只要材料齊全，宅在家隨時都可以做來吃。現在……腦子裡盤旋的是：今日晚餐，我要做越式炒泡麵，搭配素炸嫩豆腐，再來杯越南煉乳咖啡，哇～超紓壓！！然後我計畫到東南亞超市買些常備食材，依著 Yumi 的食譜說明，學習涼拌青木瓜、順化燉牛肉河粉、越式春捲、馬來西亞蔬菜咖哩、越式優格等，在假日時，做個東南亞大餐，暖暖自己和家人的心和胃。

總編輯 莫少閒

開始烹調之前

看到這些東南亞美食躍躍欲試嗎？不如馬上行動！但在烹調之前，讀者們可以先閱讀以下幾個注意事項：

1 料理中的東南亞食材，可在專門販售這類食材的網路商店、實體店面購買，除了自家附近的商店，也可以參照 p.122「材料這裡買」購買。

2 書中料理的分量是以 3～4 人份為主，但因每個人食量略有差異，讀者可斟酌增減分量製作。

3 料理成品照片為求美觀，會呈現適當的分量，僅提供讀者烹調時的參考。

4 為了能烹調出道地的東南亞料理，建議讀者可先參考 p.10「認識東南亞風味食材」選購適合的材料、調味料。

5 關於河粉、米粉、冬粉等的烹煮時間皆為參考，實際情況可視自己購買的品牌包裝上的說明，按照時間煮熟。

6 書中料理盡量呈現道地的調味，比如魚露、越南醬油、辣椒的用量，但讀者仍可依個人的喜好略微調整。

7 東南亞料理會搭配大量的綜合香菜食用，但如果買不到書中寫的那麼多種，以能買到的種類為主即可。

目錄
CONTENTS

Part3 **Scrumptious! Main Dishes**
豐盛！主菜主食

Before

Ingredients & Sauces
認識食材和方便醬汁

想要做好道地的東南亞料理，首先要選對食材！

這個單元介紹烹調本書料理所需的特殊食材，

在一般專售東南亞料理食材的店面，

或是網路商店都能買到。

此外，作者特別分享 6 種方便醬汁，

學會調製醬汁，更能為料理風味大大加分！

認識東南亞風味食材

製作本書料理之前，先介紹以下這些烹調東南亞料理時，必須準備的食材。有了這些特殊風味的調味料、粉麵和蔬果、香菜等，才能做出最道地的東南亞料理，不用擠餐館，在家就能品嘗！

調味料

辣椒醬

以辣椒、蒜粉等製作，風味偏辣，多用於沾食、肉類的醃料、越南法國麵包沾醬等。

素魚露

專門提供素食者食用，用法與一般魚露相同，可參照右邊魚露說明。

魚露

東南亞料理最重要的葷調味料，幾乎涼拌、醬料、炒料理、燉湯都可以使用，用途極廣！魚露是以鯷魚精製，但依品牌濃度不同。越南魚露風味較鹹、食材較單純，泰國魚露風味較甜、溫和。

甜味辣椒醬

以辣椒、蒜粉等製作，風味偏甜，辣度稍低，多用於沾食、越南法國麵包沾醬等。

椰奶

烹調東南亞料理的重要調味食材，具有椰子特殊的香氣與甜味。除了飲品、甜點之外，更廣泛運用在料理中，可依喜好選擇商品。圖左商品為市售熱銷的酷椰嶼椰奶，椰奶含天然月桂酸及中鏈三酸甘油酯，能促進新陳代謝、調整體質，單喝料理皆宜。

越南醬油

依品牌風味不同。本書使用的是圖中 Maggi 品牌的醬油，使用率極高。這款醬油散發香甜味，除了一般烹調，更是越南法國麵包不可缺的調味料。

椰子汁

分成含果肉、不含果肉的區別。在料理中，多用於燉肉，可使肉質更軟且帶甜味。

煉乳

除了調製飲品，多用在越南咖啡、特調烤肉醬料、越式優格、越南法國麵包調味、甜湯和冰淇淋等。

泰式調味酸辣湯包

專門用來製作泰國酸辣蝦湯（冬陰功湯）的醬料。

酸辣魚即煮醬包

專門用來製作馬來西亞酸辣魚（asam pedas）的醬料。

南洋素咖哩即煮包

專門用來製作南洋蔬菜素咖哩的醬料。

調味料塊

方便的調味高湯塊，左圖是烹調越南湯河粉專用，右圖則是越南順化燉牛肉米粉的專用高湯塊。

調味料包

專門用來製作越南清燉排骨冬粉的高湯包，有了它，烹調更輕鬆！

越南咖哩顆粒

咖哩顆粒、紅色咖哩籽（curry seeds）多放入油中炸成油，略帶辣味，可提升料理的香氣。雖然有市售品，但自製的咖哩顆粒油比較香。可一次多做一點，放入容器，室溫下保存。

綠咖哩醬

成分含有椰奶，已調配好的綠咖哩醬包，直接加入肉、蔬菜等材料煮熟即可。

咖哩粉

微辣咖哩粉，獨特香料味，多用於燉肉，以及鴨肉、羊肉和牛肉等腥味較重的肉類食材的醃料。。

椰糖

天然的糖，甜味較溫和，用於料理、甜點和飲品。

粉&麵&餅	越南泡麵	泰國泡麵	河粉

越南泡麵

麵條比較細、軟，可用於快炒。

泰國泡麵

麵條比較粗、硬，可用於快炒。

河粉

米製，主食之一，形狀寬扁。可烹調乾拌、湯料理。

蝦餅

圓形，放入油鍋或以微波烹調，可沾著辣椒醬單吃或搭配涼拌料理與沙拉。

細米粉

多用於涼拌春捲的餡料、咖哩淋米粉、涼拌等料理。

粗米粉

比較粗，又叫順化米粉，專門用來烹調順化燉牛肉米粉這道料理。

生春捲皮

又叫薄餅皮，用於生春捲的皮，成品薄而透明，口感軟Q。

炸春捲皮

用於炸春捲的皮，經過油炸後，口感比較脆硬。

Q冬粉

形狀寬扁，口感較Q，適合炒料理或製作清燉高湯中的料。

越南蛋餅粉

專門製作越南煎餅的粉（預拌粉），這道料理深受觀光客喜愛。

蔬果類

青木瓜

多切絲或條，用於涼拌料理。可購買表皮光滑明亮，果肉稍硬的青木瓜。

青芒果

多切絲或條，用於涼拌料理。可購買表皮光滑明亮，果肉稍硬的青芒果。

涼薯

又叫豆薯、洋地瓜，口感清脆、多汁，生、熟食皆可，適合做涼拌、沙拉或煮湯。

香茅

具有檸檬的香氣，是烹調東南亞料理的重要香料食材。常見的有新鮮或乾躁香茅，多用來烹調肉類、咖哩、香茅茶。

乾燥南薑

味道與薑相似，用於提香、去腥，大多用來燉煮腥味較重的肉，例如鴨肉、羊肉，市售多為乾燥的商品。

羅望子

又叫酸果，果肉具有酸味，因酸味較檸檬溫和，所以在某些料理中可取代檸檬，像泰國酸辣蝦湯（冬陰功湯）、越南經典的酸辣魚露醬等。

金桔

酸味清爽、溫和，只要滴幾滴在料理中即可提味，爽口不油膩，多用於飲品、醬料中。

綜合香菜

魚腥草（左）、叻沙葉（右上）、刺芹（右下）都可以生吃，或是涼拌、當料理的配菜。其中叻沙葉有越南芫荽、越南香菜之稱，刺芹則多用在清燉牛肉河粉、酸辣湯等料理。

綜合香菜

九層塔（左）、薄荷（右上）、香菜（右下）都可以生吃，或是涼拌、當料理的配菜。其中九層塔可搭配牛肉河粉，薄荷可搭配越南法國麵包。

其他

越南酥炸粉

炸蔬菜、肉和海鮮等食材時沾裹的粉。

炸香蕉粉

專門用來製作越南炸香蕉餅的預拌粉。

薯粉粒

樹薯粉製成，放入滾水中可煮成小珍珠，口感較台灣的西米露Q彈。

越南咖啡粉

屬於深烘焙。越南咖啡多加入不同比例的熱帶果實一起炒，再磨成粉，所以風味獨特。咖啡前味較苦，中味偏有甜味，後味則有奶油香。通常以越南咖啡滴漏壺或濾布萃取，但咖啡店中，也有以義式咖啡機萃取，調製花式咖啡。

彩色澱粉條

也不同的顏色，放入滾水中煮成透明條狀，多用於甜品料理。

手標奶茶

大部分泰國奶茶是以國民品牌「手標牌」的茶葉製作，其茶葉是種植在富含氧化鐵的土壤中，土質是呈現酸性的紅色土，所以茶葉也染上了橘紅色。

香蘭精

從香蘭葉（斑蘭葉）中萃取而成，做成香蘭精，是常見的綠色染料，多用來製作娘惹糕、豬皮糕、甜粥等。

越南進口果凍粉（椰奶味）

以天然海藻膠為主原料，可製作椰奶風味的果凍。

越南進口果凍粉（原味）

以天然海藻膠為主原料，口感有彈性。可加入咖啡等改變風味，也是製作越南3D果凍花的主要材料。

6 種方便醬汁

以下介紹 6 種常見的醬汁，都是道地的東南亞風味醬汁，可以搭配書中許多料理，提升美味度。

酸辣魚露醬

材料
鳳梨100克、辣椒4根、蒜頭1顆、檸檬3顆、魚露150c.c.、水250c.c.、糖200克、鹽1小匙

做法
1. 鳳梨切圓片；辣椒和蒜頭都切末；檸檬擠汁。
2. 將 250c.c. 的水倒入湯鍋中煮滾，加入糖拌勻，倒入魚露以中小火煮滾，轉小火，倒入鹽、鳳梨片　繼續煮約 5 分鐘，撈出鳳梨丟掉，湯汁放涼
3. 加入辣椒末、蒜末和檸檬拌勻，可倒入玻璃瓶中冷藏保存。

簡易版酸辣魚露醬

材料
魚露5大匙、糖5大匙、溫水7大匙、檸檬汁3大匙、辣椒2根、蒜頭5瓣

做法
1. 辣椒、蒜頭都切末。
2. 將溫水倒入容器中，先加入糖拌勻，續入辣椒末、蒜末攪拌，倒入魚露攪拌，最後加入檸檬汁拌勻即成。

紅白蘿蔔魚露醬

材料
酸辣紅白蘿蔔絲 30克、酸辣魚露醬120c.c.

做法
酸辣魚露醬做法在本頁上方；酸辣紅白蘿蔔做法參照 p.49，取出切細絲。將兩種食材混合即成。

酸辣老薑魚露醬

材料
老薑35克、辣椒2根、蒜頭3瓣、魚露3大匙、糖2大匙、熱水2大匙、檸檬汁1大匙

做法
1. 老薑、辣椒和蒜頭都搗成泥。
2. 將熱水倒入容器中，先加入糖拌勻，倒入魚露攪拌，續入老薑泥、辣椒泥和蒜泥攪拌，最後加入檸檬汁拌勻即成。

辣椒魚露

材料
辣椒1根、魚露適量

做法
辣椒切末，放入容器中，倒入魚露拌勻即成。

Tips
這道醬汁中的魚露沒有稀釋，所以很鹹，請適量食用。一般當作燉肉或酸辣魚湯中的魚肉的沾醬。

酸辣素魚露

材料
市售素魚露適量、辣椒適量、檸檬汁適量

做法
1. 辣椒切末。
2. 取要使用的量的素魚露倒入容器中，再加入辣椒末、檸檬汁混合即成。

Tips
市售的素魚露風味較淡，可依喜好酌量加入辣椒和檸檬。

Part1

Popular! Various Food

人氣！百變風味

「酸、辣」、「擅用魚露、椰奶和咖哩」

是東南亞料理的特色，

不過，依各國喜好風味、食材的不同，

類似的料理在風味上，也有微妙的差異。

這個單元挑選出幾道在台灣超人氣的東南亞料理，

並介紹越南、泰國或馬來西亞的不同做法，

讀者們可以試試多種口味。

Gỏi đu đủ tôm thịt
越式涼拌青木瓜

難易度 ★☆☆　　份量 ●●●○

酸辣醬汁是風味的關鍵，口味
較泰式涼拌青木瓜清爽、不膩。

重點食材

魚露　　青木瓜

Som dam
泰式涼拌青木瓜

難易度 ★☆☆　　份量 ●●●○

青木瓜、蝦子和長豆是主角，
佐以魚露、椰糖和檸檬調成酸
味濃郁醬汁。

重點食材

青木瓜　　椰糖

材料

青木瓜 1 顆（約 450 克）、
胡蘿蔔 1 條、五花肉 150
克、小白蝦仁 200 克、炒
香的花生碎 40 克、糖 1
大匙、綜合香菜（叻沙葉、
九層塔、薄荷）1 把、老
薑 5 克、紅蔥頭 3 瓣、鹽
1 小匙

醬料

魚露 4 大匙、糖 4 大匙、
檸檬汁 4 大匙、蒜頭 3 瓣、
辣椒 2 根、辣椒醬 2 大匙

做法

> **處理食材**

1. 青木瓜去皮後刨絲，放入冰水中浸泡約 15 分鐘，瀝乾水分，
   加入糖拌勻；胡蘿蔔去皮後刨絲；老薑、紅蔥頭拍扁。
2. 備一鍋沸水，先加入老薑、紅蔥頭和鹽，續入五花肉、蝦仁煮
   熟，撈出，五花肉切片。
3. 炒香的花生做法參照 p.20，放入塑膠袋中壓成碎塊。

> **調製醬料**

4. 蒜頭、辣椒都切末，將所有材料拌勻，即成醬料。

> **涼拌食材**

5. 將青木瓜絲、胡蘿蔔絲和綜合香菜放入大容器中，倒入一半的
   醬料拌勻，接著加入蝦仁、肉片和剩下的醬料翻拌均勻。
6. 盛盤，撒上花生碎即成。

材料

青木瓜 1 顆（約 450 克）、
小蕃茄 10 顆、長豆 50 克、
小白蝦仁 200 克、炒香的
花生碎 40 克、薄荷 1 把、
金桔 3 顆、鹽 1 小匙

醬料

蝦米 20 克、魚露 4 大匙、
椰糖 20 克、糖 3 大匙、
檸檬汁 3 大匙、蒜頭 4 瓣、
辣椒 3 根、辣椒粉 1 小匙

做法

> **處理食材**

1. 青木瓜去皮後刨絲，放入冰水中浸泡約 15 分鐘，瀝乾水分；
   小蕃茄、金桔切對半。
2. 長豆切拇指長段，放入滾水中燙熟；蝦仁挑除腸泥，放入滾水
   中，加入鹽，燙熟。。
3. 炒香的花生做法參照 p.20，放入塑膠袋中壓成碎塊；蝦米放入
   水中泡軟，擠乾水分。

> **調製醬料**

4. 將蝦米、蒜頭、辣椒放入容器中搗碎，倒入魚露、椰糖、糖、
   檸檬汁和辣椒粉，以杵拌勻，續入 4 顆已切半的小蕃茄，以杵
   壓出汁，即成醬料。

> **涼拌食材**

5. 青木瓜絲放入醬料中，加入長豆、蝦仁、剩下的小蕃茄和薄荷
   翻拌均勻。
6. 盛盤，撒上花生碎，欲食用時，再擠入金桔汁即成。

Gỏi đu đủ khô bò
越南涼拌青木瓜牛肉乾

難易度 ★★☆　　份量 ●●●○

在青木瓜絲中加點牛肉乾，更提升風味，是越南常見的涼拌開胃小菜。

重點食材

青木瓜　　　　牛肉乾

Tips

❶ 除了單純的涼拌青木瓜絲之外，還可以加上牛肉乾條、雞肉絲，以及魷魚乾、蝦米等海鮮乾貨食用。這是一般越南家庭常吃、傳統市場中常見的美食。

❷ 青木瓜去皮刨絲後，也可以加入些許鹽，放入冰箱冷藏約 5 分鐘，取出後，瀝乾青木瓜出的水，可以使青木瓜絲口感更脆。

材 料
青木瓜 1 顆（約 450 克）、胡蘿蔔 1 條、牛肉乾 100 克、炒香的花生碎 50 克、綜合香菜（叻沙葉、薄荷）1 把、紅蔥頭 5 瓣

炒香的花生
去殼生花生 1,200 克、鹽 1 小匙

醬 料
魚露 3 大匙、糖 4 大匙、檸檬汁 4 大匙、蒜頭 3 瓣、辣椒 3 根、辣椒粉 1 小匙、辣椒醬 2 大匙

做 法

炒香花生

1. 取一炒鍋，以中火熱鍋，先放入生花生，加入鹽，以中火炒至花生變熱，再轉中小火炒至花生熟了，外皮略黑，注意不要炒焦。取適量放入塑膠袋中壓成碎塊。

處理食材

2. 青木瓜去皮後刨絲，放入冰水中浸泡約 15 分鐘，瀝乾水分。
3. 胡蘿蔔去皮後刨絲；牛肉乾剪成細條；紅蔥頭切片。
4. 鍋燒熱，倒入少許油，放入紅蔥頭片爆香，取出。

調製醬料

5. 蒜頭、辣椒都切末，將所有材料拌勻，即成醬料。

涼拌食材

6. 將青木瓜絲放入大容器中，加入胡蘿蔔絲、牛肉乾條翻拌均勻。
7. 倒入醬料，整個翻拌均勻，盛盤後撒上做法 4.、花生碎和綜合香菜即成。

↪ **料理二三事**

炒香的花生在東南亞料理中運用極廣，只
要加入適量，便能提升整道菜的口感和香
氣。生花生可以在傳統雜貨米糧店中買到，
由於做法稍微費時，大多時候會一次多做
一點，放入密封容器中，室溫下保存。除
了搭配料理，單吃配上啤酒，也是美味的
下酒菜。

Mì xào bò
越式炒泡麵

難易度 ★☆☆　　份量 ●●●○

以洋蔥和牛肉為主要配料，添加醬油、蠔油，完成獨特越式炒泡麵。

重點食材

越南泡麵　　越南醬油

Ma ma pat
泰式炒泡麵

難易度 ★☆☆　　份量 ●●●○

混合金桔、辣椒，酸辣味引人食慾，超好做的泰式國民美食。

重點食材

泰國泡麵　　辣椒

材 料

越南泡麵 3 包、牛肉 150
克、洋蔥 2/3 顆、香菜 3
根、蔥 4 根、辣椒 3 根

調味料

越南醬油 2 大匙、蠔油
11/2 大匙、辣椒醬 11/2 大
匙、糖 11/2 大匙、鹽 1/2
小匙、水 80c.c.

做 法

處理食材

1. 將泡麵放入滾水中煮至快變軟，或以滾水泡至快變軟，瀝乾
   水分。
2. 牛肉切片；洋蔥切大片；蔥切段；辣椒切小斜段。

調製調味料

3. 將所有材料拌勻。

烹調食材

4. 鍋燒熱，倒入適量油，先放入蔥白段、洋蔥片稍微拌炒，續
   入牛肉片炒至七分熟，然後加入一半的調味料拌勻。
5. 加入做法 1. 拌勻，倒入剩下的調味料，最後再加入辣椒段、
   蔥綠段和香菜翻拌均勻即成。

材 料

泰國泡麵 3 包、小黃瓜 2
條、薄荷 5 根、蔥 5 根、
金桔 3 顆、紅蔥頭 5 瓣

調味料

蒜頭 3 瓣、辣椒 4 根、蝦
米 70 克、辣椒粉 1 大匙、
糖 3 大匙、鹽 1/2 小匙、
魚露 3 大匙、羅望子 15 克、
熱水 80c.c.

做 法

處理食材

1. 將泡麵放入滾水中煮至快變軟，或以滾水泡至快變軟，瀝乾水分。
2. 小黃瓜切斜片；蔥切段；金桔切片；紅蔥頭切片。

調製調味料

3. 蝦米放入水中泡軟，擠乾水分；羅望子放入 80c.c. 的熱水中，
   攪拌使溶於水中，把籽丟掉，留下汁液。
4. 蒜頭、辣椒放入容器中搗碎，續入蝦米搗碎，然後加入辣椒粉、
   糖和鹽壓碎，倒入魚露和羅望子汁拌勻。

烹調食材

5. 鍋燒熱，倒入適量油，先放入紅蔥頭片爆香，續入蔥白段翻拌，
   加入做法 1. 翻拌，倒入調味料炒勻並散發出香氣，盛盤。
6. 欲食用時，搭配小黃瓜片、金桔片和薄荷一起享用。

料理二三事

相較於越式的乾河粉料理，這道泰
國涼拌河粉的調味，仍以強烈的香
辣、酸為主，所以用檸檬汁、羅望
子這類天然食材為調味料主角。

Phat thai
泰式涼拌河粉

難易度 ★☆☆　　份量 ●●●○

Q 彈的河粉加入海鮮、特調酸爽醬汁快炒，酸辣濃郁，是泰式小炒店點菜第一名！

重點
食材

河粉　　紅蔥頭　　檸檬

Tips

做法 2. 河粉先煮至 7 ～ 8 分熟，烹煮時間依商品品牌略有差異，讀者需視狀況調整煮的時間，不要煮太軟，以免和其他食材快炒時，過於軟爛，使得口感不佳。

材 料

蝦仁 300 克、河粉 1/2 包、豆芽菜 200 克、韭菜 70 克、雞蛋 3 顆、蒜頭 4 瓣、紅蔥頭 2 瓣、檸檬 1 顆、辣椒粉 3 大匙

醬 汁

羅望子 15 克、熱水 80c.c.、糖 3 大匙、魚露 2 大匙、雞粉 1 小匙、辣椒醬 2 大匙、鹽 1 小匙

做 法

處理食材

1. 河粉放入冷水泡約 15 分鐘至軟，撈出。
2. 備一鍋滾水，倒入 1 小匙油，放入做法 1.煮 4 分鐘，撈出沖冷開水，瀝乾水分。
3. 韭菜切段；雞蛋打散成蛋液；蒜頭和紅蔥頭都切末；檸檬帶皮切塊。

調製醬汁

4. 羅望子放入 80c.c. 熱水中，攪拌使溶於水中，把籽丟掉，留下羅望子汁液。
5. 將羅望子汁液、其他所有材料拌勻，即成醬汁。

烹調食材

6. 鍋燒熱，倒入適量油，先放入蒜末、紅蔥頭末爆香，加入蝦仁炒至變紅，續入蛋液拌炒熟，加入河粉炒熟，倒入醬汁拌炒至香氣散出，最後加入豆芽菜、韭菜炒熟。
7. 盛盤，撒上辣椒粉，欲食用時，滴入檸檬汁一起享用。

Phở gà trộn
越式雞肉乾拌河粉

難易度 ★★☆　份量 ●●●○

以雞肉搭配時蔬、酸辣魚露涼拌，開胃清爽，是夏日主食最佳選擇。

重點食材

河粉　　　辣椒醬

材 料
雞腿塊約 400 克、河粉 1/2 包、小黃瓜 2 條、豆芽菜 200 克、紅蔥頭 8 瓣、薄荷 1 把、老薑 10 克、香菜（帶根）1 把、蔥綠 2 根、研磨黑胡椒 5 克、酸辣魚露適量、水 900c.c.

調味料
蠔油 1 大匙、越南醬油 3 大匙、雞粉 2 小匙、辣椒醬 1 大匙

抹 料
木薯粉 1 大匙、越南醬油 1 大匙、辣椒醬 1 大匙

做 法

處理食材

1. 河粉放入冷水泡約 15 分鐘至軟，撈出。
2. 備一鍋滾水，倒入 1 小匙油，放入做法 1. 煮熟，撈出沖冷開水，瀝乾水分，再加些許油拌勻。
3. 小黃瓜切斜片；紅蔥頭切片；老薑拍碎；香菜分成葉和根；蔥綠切成蔥花。

煮香蔥雞湯

4. 將 900c.c. 的水倒入鍋中煮滾，放入老薑、香菜根和雞腿塊，煮至雞腿塊變熟，撈出雞腿塊。煮的過程中要撈除黑色的浮沫。
5. 將抹料拌勻，抹在整個雞腿塊表面，放於一旁約 10 分鐘。

6. 調味料倒入做法 4. 的湯汁中拌勻，關火，加入黑胡椒、蔥綠和香菜葉，即成香蔥雞湯。

烹調食材

7. 鍋燒熱，倒入適量油，放入紅蔥頭片爆香，取出紅蔥頭片備用。原鍋再倒入些許油，放入做法 5. 煎至表面變金黃，取出，用廚房紙巾吸掉油分。
8. 將河粉、豆芽菜、小黃瓜片、雞腿塊擺於盤中，最後放入紅蔥頭片和薄荷葉即成。食用時，倒入酸辣魚露醬拌勻，再搭配香蔥雞湯一起享用。

Tips

❶ 酸辣魚露醬的做法可參照 p.15。
❷ 雞腿塊先醃過再煮，更具風味。

↳ **料理**二三事

這道雞肉乾拌河粉起源於越南首都河內（Hà nội），是此地的知名料理，多使用雞肉，是越南常見的家庭料理。這道菜有乾拌與湯品的吃法，店家多調製自己特調的醬油，口味較重。

料理二三事

烹調東南亞料理必用到
的南薑，風味類似我們
的薑，它多用在爆香、
煮湯，為料理提味。市
售常見的商品有本書使
用的乾燥南薑片，以及
薑黃粉。

Geng keow wan gai
泰式綠咖哩雞肉

難易度 ★★☆　　份量 ●●●○

融合咖哩、椰奶、香料的辣味綠咖哩，適合煮肉，一聞就口水直流。

重點食材

乾燥南薑

綠咖哩醬

椰奶

綠咖哩的成分包含多種香料、青辣椒、南薑、香茅、檸檬葉、椰奶、蒜頭等，由於食材較多，大多會購買醬包使用。為了讓綠咖哩風味更濃郁，額外加入新鮮的青辣椒、蒜頭、香茅、檸檬葉、乾燥南薑和椰奶等材料烹調。

材 料
雞肉塊約 350 克、茄子 2 條、長豆 3 根、玉米筍 100 克、青辣椒 3 根、紅糯米椒 1 根、蒜頭 3 瓣、九層塔 1 把、香茅 3 根、檸檬葉 4 片、乾燥南薑 3 片、椰奶約 400c.c.、水 300c.c.

調味料
綠咖哩醬 1 包（約 70 克）、魚露 1 小匙、糖 2 小匙、鹽適量

醃 料
糖 2 小匙、魚露 1 大匙、雞粉 1 小匙、油 1 大匙

做 法

處理食材

1. 茄子、長豆切 5 公分長段；玉米筍、青辣椒都切對半；糯米椒切小段；蒜頭切片；香茅切 5 公分長段。
2. 將雞肉塊放入大容器中，加入拌勻的醃料抓拌，放在一旁 15 分鐘。

烹調食材

3. 鍋燒熱，倒入適量油，先放入蒜片、香茅段、檸檬葉、南薑和青辣椒爆香，續入綠咖哩醬包煮至散發出香氣。
4. 加入雞肉塊煮至肉變白，倒入椰奶和 300c.c. 的水煮滾。
5. 加入玉米筍、茄子、長豆和糯米椒，倒入魚露、糖、鹽調味，煮滾後關火，立刻撒入九層塔葉即成。

Bánh mì cà ri gà
越式雞腿咖哩佐法國麵包

難易度 ★★☆　份量 ●●●○

一口麵包配一口咖哩、雞肉，享用越南法國麵包的獨特吃法。

重點食材

咖哩粉　　越南咖哩顆粒

材料
雞腿肉塊約 350 克、馬鈴薯 1 顆、芋頭 1 顆、胡蘿蔔 1 條、洋蔥 1 顆、紅糯米椒 1 根、香菜 3 根、紅蔥頭 2 瓣、蒜頭 2 瓣、香茅 2 根、椰奶 1 罐（約 400c.c.）

調味料
越南咖哩粉 2/3 包（約 12 克）、糖 3 大匙、煉乳 30c.c.、鹽適量

醃料
香茅 1 根、辣椒 1 根、越南咖哩顆粒（curry seeds）7 克、鹽 1 小匙、糖 2 小匙、雞粉 1 小匙

做法

處理食材

1. 馬鈴薯、芋頭和胡蘿蔔都先削除外皮，再切成滾刀塊；洋蔥切大塊；紅糯米椒切段。
2. 取 1 根香茅整根拍扁，然後連同另一根，都切 5 公分長段。

製作越南咖哩顆粒油

3. 鍋燒熱，倒入 4 大匙油，等油熱後倒入咖哩顆粒，立刻蓋上鍋蓋，鍋中的咖哩顆粒會因熱油而發出啵啵爆聲，大約幾秒後爆聲停止，打開鍋蓋，濾出變成黑色的咖哩顆粒丟掉，取油使用即可。

醃雞腿肉塊

4. 香茅、辣椒都切末；取出做好的越南咖哩顆粒油。

5. 將雞肉塊放入大容器中，加入拌勻的醃料抓拌，放在一旁 15 分鐘。

烹調食材

6. 鍋燒熱，倒入適量油，先放入蒜末、辣椒末和香茅爆香，續入咖哩粉炒至香味散出，加入做法 5. 炒至肉變白，倒入椰奶煮滾。
7. 加入馬鈴薯塊、芋頭塊、胡蘿蔔塊、洋蔥塊、紅糯米椒和水，水量需蓋過食材即可，煮滾後加入糖、鹽調味即成。

Tips
自製的越南咖哩顆粒油具有濃郁的香氣，呈粉紅色，可加入適量煉乳拌勻，搭配法國麵包非常好吃，而市售的咖哩顆粒油香氣較不足。

料理二三事

在越南，法國麵包甜味、鹹味都好吃！可以搭配煉乳，也可以如這道料理中，搭配咖哩肉食用。此外，因配方含有椰奶，不易消化，所以大多在中餐食用。

Khao phat sap-bpa-roht
泰式鳳梨炒飯

難易度 ★☆☆　　份量 ●●●○

鳳梨、花生和腰果是泰式炒飯的特色，還可搭配雞肉鬆食用，是最受大家喜愛的泰式料理。

重點食材

魚露　　鳳梨

Cơm chiên chay
越南素炒飯

難易度 ★☆☆　　份量 ●●●○

以素魚露調味散發獨特的香氣，加入老薑提味，享受道地的南洋風味。

重點食材

素魚露　　老薑

材料

冷藏隔夜白飯 2 碗、胡蘿蔔 1/2 條、鳳梨 1/2 顆、四季豆 5 根或豌豆仁 50 克、香菜 2 根、蝦仁 100 克、雞蛋 2 顆、綜合花生腰果 50 克、蒜頭 3 瓣

調味料

魚露 1 大匙、糖 1/2 大匙、鹽 1 小撮、蠔油 2 小匙、雞粉 1 小匙、咖哩粉 2 小匙

醃料

蒜頭 3 瓣、魚露 1/2 大匙、糖 1 小匙、雞粉 1 小匙

做法

處理食材

1. 胡蘿蔔、鳳梨、四季豆切小丁；香菜切小段；蝦仁挑除腸泥；蒜頭全都切末。
2. 雞蛋打入容器中，加入魚露、糖、鹽和咖哩粉拌勻。

醃蝦仁

3. 蒜頭切末後放入容器中，加入蝦仁、魚露、糖和雞粉稍微攪拌，備用。

烹調食材

4. 鍋燒熱，倒入適量油，放入蝦仁煮至蝦肉變白，撈出。
5. 原鍋再倒入適量油，加入胡蘿蔔丁、四季豆丁（或豌豆仁），倒入蠔油、雞粉和一點水，煮熟後取出，清洗鍋子。
6. 鍋燒熱，倒入適量油，放入蒜末爆香，加入腰果翻拌，續入白飯翻拌至飯粒散開，倒入做法 2. 拌勻，以大火煮至白飯變熱，加入做法 4. 和 5. 翻拌，倒入鳳梨丁翻拌，最後加入花生翻拌即可盛盤，擺些許香菜裝飾即成。

材料

冷藏隔夜白飯 2 碗、胡蘿蔔 1/2 條、四季豆 6 根、杏鮑菇 1/2 根、玉米 1/2 根、香菜 2 根、蔥 1 根、老薑 5 克

調味料

素魚露 2 大匙、素蠔油 1 大匙、蔬菜粉 1/2 大匙、鹽適量

做法

處理食材

1. 胡蘿蔔、四季豆和杏鮑菇都切小丁；蔥切蔥花；老薑切絲。
2. 備一鍋沸水，放入胡蘿蔔丁、四季豆丁汆燙，撈出瀝乾水分。

烹調食材

3. 鍋燒熱，倒入適量油，先放入蔥白、杏鮑菇丁炒香，關火，加入胡蘿蔔丁、四季豆丁、杏鮑菇丁和玉米粒稍微翻拌，倒入調味料和白飯翻拌均勻，使白飯滲入風味。
4. 開小火繼續拌炒，等白飯熱了再加入蔥綠、老薑絲拌勻即成。

Canh chua cá
越式酸辣魚湯

難易度 ★★☆　　份量 ●●●○

以鳳梨製作風味溫和的魚湯，微微的酸辣，忍不住多喝幾口湯。

重點食材

香茅　　　魚露　　　鳳梨

材料
魚肉 3 片、鳳梨 1 顆、牛蕃茄 2 個、豆芽菜 300 克、蒜頭 4 瓣、紅蔥頭 4 瓣、辣椒 3 根、香茅 3 根、九層塔葉 1 把、水 1,000c.c.

調味料
魚露 3 大匙、糖 3 大匙、雞粉 1/2 大匙、鹽適量、金桔汁 2 大匙

Tips
魚肉先煎至呈金黃色，可去除魚腥味並有香氣，再放入湯鍋中煮。此外，煮湯過程中，湯面如果產生浮沫，要輕輕撈除，以免破壞湯汁風味。

→ 料理二三事
越南酸辣魚湯的酸味湯底，大多使用鳳梨、羅望子、洛神花的葉子等製作，相較於泰國酸辣蝦湯，它的酸度較溫和。此外，加入的辣味食材也較少，辣度比較適中。

做法

處理食材
1. 魚肉清洗乾淨，用廚房紙巾擦乾。
2. 鳳梨切絲；牛蕃茄每顆切 6 等分；蒜頭、紅蔥頭和辣椒都切末；2 根香茅切末，1 根切 5 公分長段。

烹調食材
3. 湯鍋燒熱，倒入適量油，先放入一半的蒜末、紅蔥頭末、辣椒末和香茅爆香，倒入 1,000c.c. 的水煮滾。
4. 同時取平底鍋燒熱，倒入適量油，先放入剩下的蒜末爆香，續入魚肉，煎至兩面都呈金黃且散發香氣。
5. 把魚肉倒入做法 3. 中一起煮，煮滾後加入鳳梨絲，再煮滾後加入牛蕃茄塊，倒入調味料煮滾，煮的過程中要撈除浮沫。
6. 加入豆芽菜煮滾，關火，加入九層塔葉即成。

Tom yum goong
泰式酸辣蝦湯

難易度 ★★☆　　份量 ●●●○

酸辣夠味的獨特湯汁可提振食慾，泰國最知名的國民湯品！

重點食材

泰式調味酸辣湯包　　椰奶

Tips

處理小白蝦時，蝦頭和殼不要丟掉，可以煮蝦高湯。

料理二三事

泰式酸辣蝦（或魚）湯中，使用了較多的檸檬汁、辣椒來烹調湯底，因此酸辣風味濃郁。如果主材料改成花枝、魚肉等，就成了大家喜愛的泰式酸辣海鮮湯。

材 料

小白蝦 300 克、綜合菇（鴻禧菇、金針菇）100 克、香茅 3 根、洋蔥 1 顆、九層塔 1 把、茄子 1 條、小蕃茄 5 顆、泰式調味酸辣湯包 1 包（約 30 克）、檸檬葉 3 片、蒜頭 3 瓣、辣椒 2 根、乾燥南薑 3 片、水 600c.c.、椰奶 200c.c.

調味料

辣油 1 小匙、檸檬汁 2 大匙、魚露 1 大匙、鹽適量、糖 3 大匙

做 法

處理食材

1. 小白蝦摘去頭和殼備用，蝦肉去除腸泥；鴻禧菇、金針菇切掉底部，分成數小撮；香茅切 5 公分長段；洋蔥切大片；小蕃茄每顆切 6 等分；蒜頭和 1 根辣椒切末。

烹調食材

2. 湯鍋燒熱，倒入適量油，放入小白蝦的頭和殼炒香，倒入 600c.c. 的水煮滾，撈出蝦頭和殼。

3. 同時取平底鍋燒熱，倒入適量油，先放入蒜末、香茅段、檸檬葉、南薑片和辣椒末爆香，倒入調味酸辣湯包拌均勻至散發出香氣，倒入 170c.c. 的椰奶煮滾，全部倒入做法 **2.**。

4. 加入蝦肉、鴻禧菇和小蕃茄煮滾，倒入檸檬汁、魚露、鹽、糖煮滾，加入金針菇、洋蔥片和辣椒煮滾，最後加入辣油煮滾，關火，加入九層塔葉，盛入湯碗中。

5. 欲食用時，淋入剩下的椰奶即成。

Asam pedas
馬來西亞酸辣魚

難易度 ★☆☆　　份量 ●●●●

酸辣清爽的醬汁與鮮嫩魚肉，重口味最下飯，海鮮控別錯過了！

酸辣魚即煮醬包

➤ 料理二三事

馬來西亞南部的經典家庭料理！這裡使用的即煮醬包，是以羅望子（Asam，又叫亞參果）、香茅、辣椒和其他特色香料、棕櫚油調配，口味單純，偏酸、微辣。此外，配方中沒有椰奶，這是和泰國酸辣湯底最大的差異。早年的酸辣魚材料中僅有魚，後來漸漸增加秋葵、蕃茄等，使料理更豐盛。

材 料

午仔魚 1 尾（約 300 克）、小顆牛蕃茄 4 顆、秋葵 50 克、酸辣魚即煮醬包 1 包（約 200 克）

做 法

處理食材

1. 魚去掉內臟、刮掉魚鱗，清洗乾淨，用廚房紙巾擦乾。
2. 蕃茄每顆切成 6 等分；秋葵切對半。

烹調魚和食材

3. 鍋燒熱，倒入適量酸辣魚即煮醬包炒至香味散出，先加入蕃茄塊翻炒，煮滾之後，加入秋葵再次煮滾。
4. 加入整尾魚，煮至魚肉熟了即成。

Tips

❶ 除了整尾魚，也可以換成約 300 克魚肉片，以相同的方式烹調即可。若想用整尾魚烹調的話，購買時，可請魚販先處理好魚，回家清洗乾淨即可烹調，非常方便。

❷ 即煮醬包並非整包一定要全部用完，可依個人喜好的酸度斟酌用量。

Part2

Easy! Appetizers
簡單！配菜料理

這個單元介紹做法簡單

且風味酸辣的涼拌料理、輕食，

以及重口味的下酒菜等，

都是料理新手就能做的快手菜色。

透過簡單的汆燙、涼拌、油炸食材，

再搭配提升風味的醬汁，絕對一吃上癮。

Gỏi xoài tôm khô
越南涼拌青芒果蝦米

難易度 ★☆☆　份量 ●●●○

青芒果蜜餞、冰品是大家最常見的吃法，試試涼拌入菜，品嘗獨特的開胃沙拉！

重點食材

青芒果

蝦米

Tips

❶ 蝦米用水泡軟之後，瀝乾水分即可烹調，但如果仍然覺得蝦米的腥味太重，可瀝乾水分後，再倒入些許米酒浸泡約 5 分鐘去腥。

❷ 每年的 5～6 月是台灣的青芒果季節，想吃這道小菜的人千萬別錯過囉！

材料
青芒果 1 顆（約 450 克）、蝦米 40 克、蒜頭 3 瓣、叻沙葉 1 把

調味料
魚露 1 小匙、糖 1 大匙

醬汁
糖 2 大匙、溫水 2 大匙、檸檬汁 1 大匙、鹽少許、辣椒 3 根

做法

　處理食材

1. 青芒果去皮後刨絲，放冷藏；蝦米放入水中泡軟，擠乾水分；蒜頭切末。

　烹調食材

2. 鍋燒熱，倒入適量油，先放入蒜末爆香，續入蝦米拌炒一下，再加入調味料，煮至散發出香味，撈出蝦米和蒜末備用。

　調製醬汁

3. 辣椒切末。將所有材料拌勻，即成醬汁。

　涼拌食材

4. 將青芒果絲放入大容器中，加入做法 2.、越南香菜翻拌均勻。

5. 倒入醬汁，整個翻拌均勻即成。

Gỏi hải sản
涼拌海鮮

難易度 ★☆☆　份量 ●●●○

食材的新鮮度是這道料理好吃的關鍵，佐以酸甜風味的醬汁，享受南洋風味！

重點
食材

海鮮

魚露

Tips

❶ 白蝦、花枝煮熟後要放入冰水中冰鎮一下，食用時，口感才會有彈性！

❷ 如果覺得洋蔥過於辛辣，可將切好的洋蔥絲先放入冰水中稍微冰鎮，可降低腥辣味。

材 料

白蝦 10 尾、花枝 2 尾、胡蘿蔔 1 條、洋蔥 1/2 顆、西洋芹 50 克、小黃瓜 1 條、綜合香菜（叻沙葉、薄荷）1 把、老薑 5 克、鹽少許

醬 料

魚露 4 大匙、糖 4 大匙、檸檬汁 4 大匙、蒜頭 3 瓣、辣椒 2 根

做 法

處理食材

1. 白蝦剝掉蝦殼、蝦頭，挑去腸泥；花枝取出內臟，撕去透明薄膜，洗淨後肉切圈狀。

2. 胡蘿蔔去除外皮後切絲；洋蔥、西洋芹切絲；小黃瓜切條；老薑拍扁。

烹調食材

3. 備一鍋沸水，加入老薑和鹽，放入白蝦、花枝圈燙熟，撈出放入冰水中冰鎮一下，瀝乾水分。

調製醬料

4. 蒜頭、辣椒都切末，將所有材料拌勻，即成醬料。

涼拌食材

5. 將白蝦、花枝圈放入容器中，加入胡蘿蔔絲、洋蔥絲、西洋芹絲、小黃瓜條和綜合香菜，倒入醬料翻拌均勻。

6. 盛盤，稍微冷藏一下更好吃！

Gỏi củ sắn tôm thịt
涼拌涼薯佐蝦餅

難易度 ★☆☆　　份量 ●●●○

口感如水梨般清脆多汁的涼薯，
配上酥脆蝦餅，口味極佳。

涼薯

蝦餅

Gỏi gà trộn hành tây
涼拌洋蔥雞絲

難易度 ★☆☆　　份量 ●●●○

爽脆的洋蔥搭配雞肉絲，夏日
提振食慾的美味輕食！

洋蔥

材 料

涼薯約 500 克、白蝦 10 尾、五花肉 150 克、炒香的花生碎 50 克、蝦餅 1/3 包（約 70 克）、薄荷 5 根、鹽少許

醬 料

魚露 3 大匙、糖 3 大匙、檸檬汁 4 大匙、蒜頭 3 瓣、辣椒 3 根、辣椒醬 2 大匙

做 法

處理食材

1. 涼薯去皮後切條；小白蝦剝掉蝦殼、蝦頭，挑去腸泥；炒香的花生做法參照 p.20，放入塑膠袋中壓成碎塊。
2. 小白蝦、五花肉分別放入滾水中，加入少許鹽燙熟，五花肉取出切片。

調製醬料

3. 蒜頭、辣椒都切末，將所有材料拌勻，即成醬料。

烹調食材

4. 鍋中倒入炸油燒熱，將一根筷子放入油鍋中，若筷子邊緣有起油泡（約 160℃），即可放入蝦餅，炸至浮起且兩面都呈金黃色，瀝乾油分。

涼拌食材

5. 將涼薯條、小白蝦和五花肉片放入容器中，倒入醬料拌勻，再加入花生碎、薄荷拌勻，盛入盤中。
6. 旁邊擺上炸好的做法 4. 一起享用即成。

材 料

雞胸肉 350 克、洋蔥 1 顆、胡蘿蔔 1 根、紅蔥頭 6 瓣、老薑 10 克、叻沙葉 1 把、鹽 1 小匙、蘋果醋 150c.c.、糖 2 大匙

醬 汁

魚露 3 大匙、糖 3 大匙、金桔汁 4 大匙

做 法

處理食材

1. 洋蔥切圈；胡蘿蔔去皮後切絲；老薑拍扁：紅蔥頭切絲。

烹調食材

2. 鍋燒熱，倒入適量油，放入雞胸肉、老薑和鹽，煎至雞胸肉熟，取出剝成絲。
3. 鍋再燒熱，倒入少許油，放入紅蔥頭絲爆香，取出紅蔥頭絲。
4. 洋蔥圈放入容器中，加入蘋果醋、糖抓拌一下，放約 10 分鐘，撈出洋蔥圈放入冰水中洗淨，瀝乾水分。

調製醬汁

5. 將所有材料拌勻，即成醬汁。

涼拌食材

6. 將洋蔥圈、胡蘿蔔絲和叻沙葉放入容器中，加入醬汁翻拌。
7. 盛盤，依序排上雞胸肉絲、紅蔥頭絲即成。

Gỏi rau củ thập cẩm
涼拌素食錦

難易度 ★☆☆　　份量 ●●●○

豐盛蔬菜吃進滿滿營養，搭配
酸辣醬汁，夏日餐桌必備！

重點食材

素魚露

Củ cải ngâm chua ngọt
酸辣紅白蘿蔔

難易度 ★☆☆　　份量 ●●●○

清涼酸爽的輕食前菜，搭配料
理解油膩，更提味！

重點食材

胡蘿蔔　　　　白蘿蔔

材 料

洋蔥 1/2 顆、胡蘿蔔 1 條、
涼薯 100 克、紅甜椒 1 顆、
小蕃茄 6 顆、西洋芹 1 束、
小黃瓜 1 條、糯米椒 1 根、
綜合香菜（叻沙葉、薄荷）
1 把

醬 料

素魚露 4 大匙、鹽少許、
糖 4 大匙、檸檬汁 4 大匙、
蒜頭 3 瓣、辣椒 2 根

做 法

處理食材

1. 洋蔥切細條；胡蘿蔔、涼薯去皮後切細條；紅甜椒去籽後切
   細條；小蕃茄切對半；西洋芹切長段；小黃瓜、糯米椒都切
   斜片。

調製醬料

2. 蒜頭、辣椒都切末，將所有材料拌勻，即成醬料。

涼拌食材

3. 將做法 **1.** 放入大容器中，翻拌均勻。
4. 倒入醬料，整個翻拌均勻，盛盤後撒上綜合香菜即成。

材 料

胡蘿蔔 2 條、白蘿蔔 3 條
（約 300 克）、糯米椒 2 根、
蒜頭 5 瓣、鹽 3 大匙

糖醋醃料

糖 125 克、鹽 1/2 小匙、白
醋 250c.c.

做 法

處理食材

1. 胡蘿蔔、白蘿蔔都去皮後先切 0.5 公分厚的片狀，再切長條。
2. 糯米椒去籽後切絲；蒜頭切片。
3. 將胡蘿蔔條、白蘿蔔條放入容器中，倒入鹽抓拌數次，放於一
   旁約 20 分鐘使其出水。
4. 將胡蘿蔔條、白蘿蔔條放入網布中，徹底擠乾水分，務必要擠
   乾水分。

調製糖醋醃料

5. 將所有材料拌勻，放涼，即成糖醋醃料。

浸泡食材

6. 將做法 **4.**、做法 **2.** 倒入乾淨且擦乾的密封容器中，倒入糖醋
   醃料拌均勻，蓋好蓋子，放入冰箱冷藏一晚即成。

Gỏi cuốn tôm thịt
越式涼拌春捲

難易度 ★★☆　　份量 ●●●○

海鮮、肉與蔬菜的豐富配料，是人氣越南涼拌料理的第一名！

重點
食材

米粉　　　　春捲皮

Tips

❶ 做法 5. 中，煮好的米粉撈出後一定要拌油，避免結成一團，影響口感。

❷ 包生春捲時，也可以用毛刷抹水或以噴槍噴些許水，使春捲皮變軟，以利操作。此外，圓形或方形的春捲皮都可以使用，包法相同。

材料

春捲皮 1 包、米粉 1/3 包（約 170 克）、蝦子 350 克、五花肉 350 克、綜合香菜（薄荷、香菜、魚腥草、九層塔、大陸妹）200 克、小黃瓜 3 條、韭菜 50 克、鹽適量、老薑 5 克

醬汁

紅白蘿蔔魚露醬、酸辣魚露醬適量

做法

處理食材

1. 蝦子摘去蝦頭和蝦殼備用，蝦肉去除腸泥，放入鍋中，倒入些許鹽，將蝦肉炒熟，備用。

2. 小黃瓜切絲；老薑拍碎。

調製醬汁

3. 紅白蘿蔔魚露醬、酸辣魚露醬的做法可參照 p.15。

烹調食材

4. 備一鍋滾水，先加入老薑和些許鹽，續入五花肉煮熟，撈出肉切片，備用。

5. 備一鍋滾水，放入米粉煮約 8 分鐘（煮熟），撈出沖冷開水，瀝乾水分放入容器中，加入些許油拌一下，以免黏在一起。

包生春捲

6. 取一張春捲皮，在皮表面稍微沾水，使整個表面均勻濕透，趁還沒完全變軟時，先排入綜合香菜、小黃瓜絲、一些米粉、蝦肉和肉片，春捲皮左右往中間包，再放入 2 根對摺的韭菜，如包春捲般完整包起來。

7. 欲食用時，搭配紅白蘿蔔魚露醬、酸辣魚露醬即成。

↪ 料理二三事

生春捲是越南獨特的料理，在南越叫做 Gòi cuốn，
在北越則叫 Nem cuốn，英文為 Summer roll，和
河粉都是外國人最喜愛的越南料理。做法上，一般
是在米製的春捲皮上，包入熟的米粉、蝦子、肉、
香菜類等食材，葷、素食材皆可，然後再捲起，沾
著魚露醬汁食用，是很清涼爽口的料理。

Gỏi cuốn chay
涼拌素春捲

難易度 ★☆☆　份量 ●●●○

準備好最愛的蔬菜包進去，喜歡吃蔬菜和素食者別錯過！

重點
食材

米粉　　辣椒醬　　素魚露

Tips

❶ 綜合菇和綜合香菜可依個人喜好和方便選用，或依季節選擇。

❷ 可以使用市售的素魚露醬，比較方便，但風味較清淡，如果你喜歡重口味的話，可以參照 p.15 酸辣素魚露，沾食享用也很棒！

❸ 圓形春捲皮或方形春捲皮都可以使用。

材料

米粉 1/3 包（約 170 克）、春捲皮 1 包、綜合菇（鴻禧菇、杏鮑菇）200 克、豆腐 250 克、胡蘿蔔 1 條、蘋果 1 顆、水梨 1 顆、小黃瓜 2 條、綜合香菜（薄荷、香菜、魚腥草、九層塔、大陸妹）200 克、雞蛋 4 顆、檸檬 1 顆、蒜頭 3 瓣

調味料

越南醬油 3 大匙、辣椒醬 2 大匙

醬汁

素魚露醬適量

做法

處理食材

1. 鴻禧菇切掉底部，分成數小撮；杏鮑菇切成絲；胡蘿蔔、蘋果和水梨去皮後都切絲；小黃瓜切絲；豆腐切條；蒜頭切末。

烹調食材

2. 鍋燒熱，倒入適量油，倒入蛋液煎成蛋皮，取出切成絲。

3. 原鍋燒熱，倒入適量油，先放入蒜末爆香，續入鴻禧菇、杏鮑菇絲和豆腐條拌炒至熟，倒入調味料拌勻。

4. 備一鍋滾水，放入米粉煮約 8 分鐘（煮熟），撈出沖冷開水，瀝乾水分放入容器中，加入些許油拌一下，以免黏在一起。

包生春捲

5. 取一張春捲皮，在皮表面稍微沾水，使整個表面均勻濕透，趁還沒完全變軟時，先排入綜合香菜、小黃瓜絲、胡蘿蔔絲、蘋果絲、水梨絲。

6. 續入一些米線、鴻禧菇、杏鮑菇絲和豆腐條、蛋皮絲，春捲皮左右往中間包，再如包春捲般完整包起來。

7. 欲食用時，搭配素魚露醬或酸辣素魚露（參照 p.15）即成。

Đậu hủ non chiên giòn
素炸嫩豆腐

難易度 ★☆☆　　份量 ●●●○

酥炸嫩豆腐熱熱的最好吃，搭配生菜食用，清新不膩！

重點食材

嫩豆腐

酸辣魚露醬

Sayur kari
馬來西亞蔬菜咖哩

難易度 ★☆☆　　份量 ●●●○

豐富的蔬菜食材營養滿分，濃郁咖哩湯汁拌飯超美味！

重點食材

南洋素咖哩即煮包

椰奶

材 料

嫩豆腐 300 克、小黃瓜 1 條、牛蕃茄 1 顆、綜合生菜（大陸妹、九層塔、薄荷）適量、越南酥炸粉 1 包（約 150 克）、蛋黃 1 顆、水 150c.c.

醬 汁

酸辣魚露醬適量

做 法

> **處理食材**

1. 嫩豆腐放入鹽水中浸泡約 20 分鐘，使豆腐更扎實，然後瀝乾水分，切塊，放入冰箱冷凍 5 ～ 10 分鐘；酥炸粉和 150c.c. 的水、蛋黃拌勻成粉糊，放冰箱冷藏約 15 分鐘。
2. 小黃瓜、牛蕃茄都切片；酸辣魚露醬做法參照 p.15。

> **炸豆腐**

3. 鍋中倒入炸油燒熱，將一根筷子放入油鍋中，若筷了邊緣有起油泡（約 160℃），即可放入沾裹粉糊的豆腐塊，炸至浮起且兩面都呈金黃色，瀝乾油分。
4. 盤中排上大陸妹，放上豆腐塊，排好小黃瓜片、蕃茄片和生菜。
5. 欲食用時，可以生菜包著豆腐，沾著酸辣魚露醬食用。

材 料

胡蘿蔔 1 條、馬鈴薯 2 顆、秋葵 50 克、四季豆 50 克、甜豆 20 克、茄子 1 條、辣椒 1 根、南洋素咖哩即煮包（約 200 克）1 包、水 400c.c.、椰奶 200c.c.

做 法

> **處理食材**

1. 胡蘿蔔、馬鈴薯去皮後都切滾刀塊；秋葵從中切段；四季豆切 5 公分長段；甜豆撕掉邊緣的粗絲；辣椒切小斜段。
2. 茄子切滾刀塊，放入檸檬水或鹽水中泡一下，瀝乾水分。

> **烹調食材**

3. 鍋中倒入炸油燒熱，將一根筷子放入油鍋中，若筷子邊緣有起油泡（約 160℃），即可放入茄子塊，炸約 40 秒（過油），瀝乾油分。
4. 鍋燒熱，倒入適量油，先放入辣椒段爆香，續入胡蘿蔔塊、馬鈴薯塊煮至變軟，加入秋葵、四季豆、甜豆、茄子和南洋素咖哩即煮包，煮至散發出香氣。
5. 倒入 400c.c. 的水煮滾，再加入椰奶，以小火煮至蔬菜都熟透了即成。

Cánh gà chiên nước mắm
魚露炸雞翅

難易度 ★☆☆　份量 ●●●○

常見的泰國、越南下酒菜，濃郁的肉香和魚露風味，令人大飽口福！

重點食材 → 魚露

材料
雞翅 300 克、綜合香菜（九層塔、香菜、薄荷、大陸妹）100 克、小黃瓜 2 條、牛蕃茄 2 顆、老薑 10 克、鹽 1 小匙、蒜頭 5 瓣、辣椒 1 根

拌料
魚露 1 大匙、雞粉 1/2 大匙、木薯粉 35 克

調味料
鹽適量、糖 2 大匙、辣椒醬 2 大匙、魚露 1 小匙

Tips
❶ 雞翅先以滾水汆燙過，可去除臭腥味。
❷ 調味前，可先在雞翅表面戳幾個小洞，再以魚露抹料抹過，可使雞翅更入味。

➤ 料理二三事
魚露炸雞翅是東南亞常見的家庭料理、下酒菜。做法通常分成：直接以平底鍋煎熟雞翅，以及雞翅先油炸過，再入鍋加入調味料烹調兩種方法，後者的雞翅香氣更濃郁。

做法

處理食材

1. 小黃瓜、牛蕃茄都切片；老薑拍扁；蒜頭、辣椒都切末。
2. 備一鍋滾水，先加入老薑和些許鹽，放入雞翅汆燙至肉變白，瀝乾水分，放涼。
3. 將雞翅放入容器中，倒入拌料抓拌均勻。

烹調食材

4. 鍋中倒入炸油燒熱，將一根筷子放入油鍋中，若筷子邊緣有起油泡（約 160 ℃），即可放入雞翅，炸至兩面都呈金黃色且散發香氣，瀝乾油分。
5. 鍋燒熱，倒入適量油，先放入蒜末、辣椒末爆香，倒入調味料拌勻，再加入雞翅翻拌煎至熟。
6. 雞翅盛盤，旁邊排入小黃瓜片、牛蕃茄片和綜合香菜一起享用。

Cá chiên chấm nước mắm gừng
清炸魚佐魚露醬

難易度 ★★☆　　份量 ●●●○

**魚片搭配香辣的老薑魚露醬汁，
重口味最下飯，忍不住多吃幾碗。**

酸辣老薑魚露醬

材 料

白肉魚 4 片、小黃瓜 2 條、牛蕃茄 2 顆、綜合
香菜（九層塔、香菜、薄荷、大陸妹）100 克、
研磨黑胡椒適量

醬 汁

酸辣老薑魚露醬適量

做 法

> **處理食材**

1. 魚肉徹底洗淨，兩面撒入一點點研磨黑
   胡椒。
2. 小黃瓜、牛蕃茄都切片。

> **調製醬汁**

3. 酸辣老薑魚露醬做法參照 p.15。

> **烹調食材**

4. 鍋燒熱，倒入適量油，放入魚片煎至兩
   面都呈金黃色，而且熟。
5. 魚肉盛盤，旁邊排入小黃瓜片、牛蕃茄
   片，沾著酸辣老薑魚露醬食用。

Tips

這裡使用比較方便買到的魚片，洗乾淨
後，可以撒一點點研磨黑胡椒，去除魚腥
味，烹調後更美味。

→ 料理二三事

在越南，尤其是南越，是以「土虱」來烹
調這一道料理，其他地方則以河魚或土虱
製作。土虱這種魚比較沒有腥味，所以不
需加入黑胡椒。此外，這道料理會搭配老
薑魚露醬食用，老薑的辣味與香氣，能提
升料理的風味。

Chả giò
炸春捲

難易度 ★★☆　　份量 ●●●○

芋頭與絞肉、豆薯的完美結合，油炸更顯香氣與酥脆口感！

重點食材

春捲皮　　　　芋頭

材 料
春捲皮 1/2 包、豬絞肉 100 克、芋頭 100 克、胡蘿蔔 1 條、涼薯 100 克、綠豆 100 克、黑木耳 10 克、雞蛋 3 顆、紅蔥頭 5 瓣、綜合香菜（薄荷、香菜、九層塔、大陸妹或美生菜）250 克、小黃瓜 1 根

調味料
糖 1 大匙、鹽 1 小匙、胡椒 1 小匙、雞湯粉 1 小匙

抹 料
冷開水或椰奶 150c.c.

醬 汁
酸辣魚露醬或紅白蘿蔔魚露醬適量

做 法

處理食材

1. 芋頭切絲；綠豆煮熟；黑木耳切碎；雞蛋打成蛋液；紅蔥頭切絲；小黃瓜切長條。
2. 胡蘿蔔、涼薯去皮，切絲放入容器中，倒入鹽抓拌數次，放於一旁約 30 分鐘使其出水，然後放入網布中，徹底擠乾水分。
3. 將抹料的材料全部拌勻。

調製醬汁

4. 兩種魚露醬做法參照 p.15。

烹調餡料

5. 鍋燒熱，倒入適量油，先放入紅蔥頭絲爆香，續入絞肉煮至肉變白，加入芋頭絲煮熟，關火。
6. 將胡蘿蔔絲倒入大容器中，加入涼薯絲、綠豆、黑木耳碎翻炒，倒入蛋液（留下一點）煮熟，加入調味料拌炒均勻成餡料，放入冷藏約 15 分鐘。

製作春捲

7. 將春捲皮攤開，整面均勻地刷上抹料，放一下，使春捲皮稍微變軟，然後整面翻過來，讓有抹料的一面朝底（包好春捲時朝外）。
8. 取適量的餡料放在皮的下方（靠近自己），左右往中間包，快完整包好時，春捲皮底端抹一點蛋液，包好封口。
9. 鍋中倒入炸油燒熱，將一根筷子放入油鍋中，若筷子邊緣有起油泡（約 160 ℃），即可放入春捲，炸至浮起且兩面都呈金黃色，瀝乾油分。
10. 春捲盛盤，旁邊排入小黃瓜條、綜合香菜。欲食用時，可以生菜包著春捲，沾著紅白蘿蔔魚露醬或酸辣魚露醬食用。

Tips

做法 **7.** 中，春捲皮單面塗上抹料（椰奶），可使皮變軟，比較好包，並且能增添香氣，炸的時候容易上色。

料理二三事

炸春捲在胡志明市等南越地方稱作
Chả giò，餡料是以芋頭、豬絞肉
為主，而在河內等北越地方，
炸春捲則叫 Nem rán，它
的餡料以蔬菜、黑木耳、
米線等為主。沾醬方
面，可以搭配酸辣魚
露醬食用。然而今日
餡料多變，許多人甚
至加入碎泡麵、胡蘿
蔔碎等食材。

Part3

Scrumptious! Main Dishes
豐盛！主菜主食

東南亞料理是以白飯、米粉、河粉、冬粉、

泡麵麵條和糯米飯等為主食，

再搭配豐盛的蔬菜、綜合香菜和肉、海鮮，

一盤或一碗料理便能充分飽足。

這個單元介紹道地且知名的東南亞主食，

不用去餐廳，就能在家享受原汁原味的美食。

Xôi cánh gà chiên nước mắm
魚露雞翅糯米飯

難易度 ★☆☆　　份量 ●●●○

煎得酥脆的魚露風味雞翅，搭配糯米飯開胃且吃得飽！

重點食材

長糯米

酸辣魚露醬

Tips

❶ 如果喜歡吃更軟爛的糯米飯，煮糯米飯時，內鍋可再加入 20c.c. 的水一起煮。此外，越南使用糯米比較圓而小，口感較綿密。

❷ 沾醬中的酸辣魚露醬可參照 p.15 製作，但是在加入鳳梨片後，可延長烹煮時間為 10 分鐘，這樣做好的醬汁比較濃稠、濃郁。

材料
長糯米 400 克、椰奶 140c.c.、水 140 c.c.、鹽 1 小匙、魚露炸雞翅 6 隻、小黃瓜 2 條、牛蕃茄 2 顆、蔥綠 1 根、香腸 1 條、紅蔥頭 6 瓣

沾醬
辣椒醬適量、酸辣魚露醬適量

做法

處理食材

1. 長糯米以清水洗 1～2 次，瀝乾水分；魚露炸雞翅做法參照 p.56；小黃瓜、牛蕃茄切斜片；蔥綠切蔥花；紅蔥頭切絲；酸辣魚露醬做法參照 p.15。

烹調食材

2. 將長糯米倒入電鍋內鍋，加入椰奶、水和鹽，外鍋倒入 1 杯水，蓋上鍋蓋，按下開關，煮至開關跳起，再續燜約 10 分鐘。
3. 鍋燒熱，倒入適量油，放入紅蔥頭絲爆香，取出紅蔥頭絲，油留下。。
4. 紅蔥頭油倒入蔥花中拌一下，使散發出香氣，即成蔥油。
5. 鍋再次燒熱，倒入適量油，放入香腸煎熟，取出切片。

盛盤

6. 將糯米飯舀入碗中，再倒扣至盤子上，依序排上香腸片，淋上蔥油，放上紅蔥頭絲。
7. 盤子上排入魚露炸雞翅、小黃瓜片和蕃茄片，搭配辣椒醬、酸辣魚露醬一起食用。

Part3
豐盛！
主菜主食

↘ 料理二三事

魚露雞翅糯米飯是越南早餐、中餐
常見的料理，主菜除了雞翅，還會
搭配雞胸肉絲。此外，一定要搭配
越南扎肉（Chả lụa）、香腸片、
花生、煎蛋和肉鬆一起食用。越南
的香腸肉質較硬且甜，買不到的
話，可以改用台灣的香腸。

65

Bánh tằm nước cốt dừa
涼拌豬肉
椰漿米苔目

難易度 ★☆☆　　份量 ●●●○

濃稠椰漿搭配酸辣魚露醬，品嘗中越、南越的特色美食！

重點食材

椰子汁　　　椰奶

材 料
米苔目 350 克、豬肉（五花肉和瘦肉）350 克、豆芽菜 200 克、胡蘿蔔 50 克、涼薯 50 克、小黃瓜 2 條、蔥綠 3 根、蒜頭 3 瓣、薄荷 1 把、椰子汁 100c.c.、水 50c.c.

調味料
雞粉 1/2 小匙、辣椒醬 11/2 大匙、糖 1 大匙、魚露 1 大匙適量

椰 醬
椰奶 200c.c.、鹽少許、糖 1 小匙、水 50c.c.、在來米粉 1 小匙、太白粉 1 大匙

淋 醬
椰醬適量、酸辣魚露醬適量

做 法

處理食材

1. 米苔目洗淨；五花肉放入滾水中燙熟，取出切片；豆芽菜放入滾水汆燙，瀝乾水分。
2. 胡蘿蔔、涼薯去皮後切丁；小黃瓜切絲；蔥綠切蔥花，放入容器中；蒜頭切末；酸辣魚露醬做法見參照 p.15。。

烹調食材

3. 鍋燒熱，倒入 60c.c. 的油，等油煮滾後倒入蔥綠中拌一下，使散發出香氣，即成蔥油。
4. 原鍋放入胡蘿蔔丁，少許糖和鹽翻拌一下，加入涼薯丁、適量水炒熟，取出，洗鍋。

5. 鍋燒熱，倒入適量油，先放入蒜末爆香，續入五花肉、調味料拌勻，倒入椰子汁、50c.c. 的水，煮至肉全熟，洗鍋。

製作椰醬

6. 鍋燒熱，倒入椰奶、糖和鹽煮滾，慢慢倒入在來米粉和拌勻的太白粉水，一邊倒入一邊攪拌均勻，即成椰醬。

盛盤

7. 將米苔目放入盤中，淋上椰漿，倒入蔥油，旁邊排入豬肉片、小黃瓜絲、豆芽菜和薄荷，欲食用時，再淋上酸辣魚露醬即成。

五花肉放入滾水中燙熟，再取出切片，可使肉質維持柔軟。此外，加入椰子水烹煮，則讓肉有甘甜風味。

Bún thịt xào sả ớt
炒香茅豬肉拌米粉

難易度 ★☆☆　　份量 ●●●○

**豬肉與香茅的香氣完美融合，
加上香菜，風味清新不膩口。**

重點
食材

香茅　　　　　米粉

Tips
如果想加重口味，材料中的香茅可以再增
加1根（共3根），並且加入更多辣椒末，
風味更濃郁。

材料
米粉 1/2 包（約 250 克）、豬肉 400 克、豆芽
菜 200 克、小黃瓜 2 條、炒香的花生碎 80 克、
綜合香菜（九層塔、薄荷）、蒜頭 2 瓣、香茅
2 根、紅蔥頭 3 瓣

醃料
魚露 1 大匙、蒜頭 3 瓣、辣椒 1 根、香茅 1 根、
研磨黑糊椒 1 小匙、糖 1 大匙、雞粉少許、鹽
適量

沾醬
紅白蘿蔔魚露醬適量

做法

處理食材
1. 將米粉放入滾水中煮熟，撈出沖冷開
   水，瀝乾水分，加一點油稍微翻拌，以
   免黏在一起。
2. 豬肉切片；豆芽菜放入滾水汆燙，瀝乾
   水分；小黃瓜先縱剖兩半，再切斜片；
   蒜頭切末；香茅像切蔥花般切碎，稍微
   壓一下；紅蔥頭切絲。炒香的花生做法
   參照 p.20，放入塑膠袋中壓成碎塊；紅
   白蘿蔔魚露醬做法參照 p.15。

調製醃料
3. 蒜頭、辣椒和香茅都切末。將所有材料
   拌勻，把肉片放入醃料中醃約 15 分鐘。

烹調食材
4. 鍋燒熱，倒入適量油，放入蒜末、香茅
   碎和紅蔥頭絲爆香，取出。
5. 原鍋燒熱，倒入醃好的肉片炒熟。

盛盤
6. 將米粉排入盤中，擺上做法 5.，淋上做
   法 4.，旁邊排入豆芽菜、小黃瓜片和綜
   合香菜。欲食用時，可搭配紅白蘿蔔魚
   露醬，撒上花生碎食用。

Xôi nấm chay
素糯米飯

難易度 ★☆☆　　份量 ●●●○

糯米飯甜鹹調味多變化，讓早餐、中餐菜色更多選擇。

重點食材

紅蔥頭　　　椰奶

Bánh tằm đậu phụ
涼拌油豆腐米苔目

難易度 ★☆☆　　份量 ●●●○

煎香的油豆腐口感軟嫩，鹹甜調味非常促進食慾。

重點食材

素魚露　　　椰奶

材料

長糯米 400 克、椰奶 140c.c.、水 140c.c.、鹽少許、綜合菇（鴻禧菇、雪白菇）150 克、紅蔥頭 6 瓣、小黃瓜 2 條、香菜適量、越南醬油 1 大匙、蔥花 3 根、蠔油 2 小匙

調味料

素雞粉 2 小匙、辣椒醬 1 大匙、越南醬油 2 小匙、素蠔油 1 小匙、鹽少許、糖少許

做 法

處理食材

1. 長糯米以清水洗 1～2 次，瀝乾水分；紅蔥頭切絲；綜合菇切掉底部，分成數小撮；小黃瓜切斜片。

烹調食材

2. 將長糯米倒入電鍋內鍋，加入椰奶、水和鹽，外鍋倒入 1 杯水，蓋上鍋蓋，按下開關，煮至開關跳起，再續燜約 10 分鐘。
3. 鍋燒熱，倒入適量油，放入紅蔥頭絲爆香，取出。將紅蔥頭油倒入蔥花中拌一下，使散發出香氣，即成蔥油。
4. 原鍋倒入醬油、蠔油和鹽、些許紅蔥頭絲翻拌均勻，關火，放入做法 2. 翻拌均勻，放 10 分鐘，讓味道滲入。
5. 鍋燒熱，倒入適量油，放入綜合菇，倒入調味料炒熟，取出。

盛盤

6. 將糯米飯舀入碗中，再倒扣至盤子上，淋上蔥油，依序排上綜合菇、紅蔥頭絲和香菜，搭配小黃瓜片、辣椒醬或素魚露食用。

材 料

米苔目 350 克、油豆腐 5 片、綜合香菜（香菜、九層塔、薄荷）100 克、豆芽菜 200 克、小黃瓜 2 條、胡蘿蔔 50 克、涼薯 50 克、蔥綠 3 根

調味料

素雞粉 1 小匙、辣椒醬 1 大匙、糖 2 小匙、越南醬油 1 大匙、鹽適量

椰 醬

椰奶 200c.c.、鹽少許、糖 1 小匙、水 50c.c.、在來米粉 1 小匙、太白粉 1 大匙

淋 醬

椰醬適量、素魚露適量

做 法

處理食材

1. 油豆腐切片；豆芽菜放入滾水汆燙，瀝乾水分；小黃瓜先縱剖兩半，再切斜片；胡蘿蔔、涼薯去皮後切丁；蔥綠切蔥花。

烹調食材

2. 鍋燒熱，倒入 60c.c. 的油，等油煮滾後倒入蔥綠中拌一下，使散發出香氣，即成蔥油。
3. 原鍋加入胡蘿蔔丁，少許糖、鹽（材料量外）稍微翻拌，加入涼薯丁、適量水炒熟，取出，洗鍋。
4. 鍋燒熱，倒入適量油，放入油豆腐片，續入調味料煮熟，取出，洗鍋。

製作椰醬

5. 鍋燒熱，倒入椰奶、糖和鹽煮滾，慢慢倒入在來米粉和拌勻的太白粉水，一邊倒入一邊攪拌均勻，即成椰醬。

盛盤

6. 將米苔目放入盤中，淋上椰漿，倒入蔥油，旁邊排入油豆腐片、小黃瓜片、豆芽菜和薄荷，欲食用時，再淋上素魚露醬即成。

Phở bò

清燉牛肉河粉

難易度 ★★★　份量 ●●●○

清香濃郁的湯汁配鮮嫩牛肉，家庭版異國美食令人大快朵頤。

重點食材

河粉　　　　　調味料塊

材 料

牛骨 500 克、牛肉 400 克、河粉 1/2 包（約 250 克）、綜合香菜（九層塔、香菜）1 把、蔥 3 根、洋蔥 1 顆、豆芽菜 100 克、金桔 3 顆或檸檬 2 顆、辣椒 1 根、水 2,000c.c.

調味料

調味料塊 1 塊、鹽適量、糖 2 大匙

湯 包 （或市售清燉牛肉湯包 1 個）

紅蔥頭 5 瓣、洋蔥 1/2 顆、香菜根 5 根、丁香 4 個、八角 2 個、草果 1 個、肉桂棒 5 克、孜然（小茴香）1.5 克、顆粒白胡椒 5 克、老薑 7.5 克

做 法

處理食材

1. 紅蔥頭剝外皮，1/2 顆洋蔥剝皮，老薑拍扁，將這三種食材用錫箔紙包起來，放入烤箱，以 150℃烤 10 ～ 15 分鐘。
2. 牛肉切片，一半先放入冰箱冷藏，一半放室溫；蔥切段；1 顆洋蔥切圈。

自製湯包

3. 將八角、肉桂棒和草果放入炒鍋，乾炒至散發香氣，再加入其他材料炒香，全部放入布包中。
4. 將布包放入熱水中 3 ～ 5 分鐘，撈出放一旁，打開布包放入烤過的紅蔥頭、烤過的老薑、香菜根，再綁起布包。

烹調牛肉湯

5. 備一鍋滾水，放入牛骨和一半牛肉（室溫）汆燙一下，全部撈出沖冷開水。

6. 將做法 5. 倒入湯鍋，倒入 2,000c.c. 的水、自製湯包、烤過的洋蔥煮，煮滾後再轉小火燉 1.5 個小時，加入調味料，取出牛骨，即成牛肉湯。

烹調食材

7. 將河粉放入滾水中煮熟，撈出沖冷開水，瀝乾水分，加一點油稍微翻拌。
8. 將豆芽放入湯碗中，依序放入河粉、牛肉片、洋蔥圈、蔥段，倒入滾牛肉湯。
9. 取出冷藏的牛肉片，可涮滾湯食用，同時搭配豆芽菜、香菜、辣椒，滴入金桔汁或檸檬汁即可享用。

Tips

也可以購買 1 個清燉牛肉湯包製作牛肉湯，非常方便且省力。此外，也可以加入牛肉丸烹調。

↪ **料理二三事**

清燉牛肉河粉來自河內，但起源眾說紛云，其中最常聽到的一說，是在法國治理越南時期，一名法國先生很懷念「法國蔬菜燉肉（Pot au Feu）」這道家鄉美食，而從未吃過這道菜的妻子便在先生的口述做法下，融合越南當地的食材，煮出這道馳名國際的料理。

↳ **料理**二三事

這道料理起源於越南中部大城順化（Huế）。
一般是以牛肉（牛腩、牛腱肉）、豬腳和粗
米粉為主材料，湯頭濃郁。此外，在當地還
會搭配芭蕉花絲、空心菜梗絲一起食用。

Bún bò Huế
順化燉牛肉米粉

難易度 ★★★　　份量 ●●●●

粗米粉搭配酸甜香辣的湯汁，燉牛肉口感佳，一嘗便久久難忘。

重點食材

粗米粉　　　　　調味料塊

材料
牛腱肉 400 克、粗米粉 1/2 包（約 250 克）、香茅 2 根、胡蘿蔔 3 條、牛蕃茄 2 顆、洋蔥 11/2 顆、蔥 3 根、豆芽菜 100 克、老薑 7.5 克、水 2,000c.c.、蒜頭 1/2 顆、紅蔥頭 5 顆、辣椒 2 根、越南咖哩顆粒 7 克、辣椒粉 7 克、鳳梨 1/4 顆、九層塔 1 把、金桔 3 顆或檸檬 2 顆

調味料
調味料塊 1 塊、 鹽適量、糖 2 大匙、魚露 2 小匙、雞粉 1 小匙

做法

處理食材

1. 將 3 顆紅蔥頭剝外皮，1/2 顆洋蔥剝皮，老薑拍扁，將這三種食材用錫箔紙包起來，放入烤箱，以 150℃ 烤 10 ～ 15 分鐘。
2. 備一鍋滾水，放入牛腱肉汆燙，撈起沖冷開水，洗淨。
3. 香茅先縱剖兩半後拍扁；胡蘿蔔切圓厚片；蕃茄每顆切 3 等分；1 顆洋蔥切圈；蔥切蔥花；蒜頭切末；2 顆紅蔥頭切末；辣椒切末；豆芽菜洗淨。
4. 越南咖哩顆粒油做法參照 p.30；將粗米粉放入滾水中煮熟，撈出沖冷開水，瀝乾水分，加一點油稍微翻拌。

烹調食材

5. 將香茅放入湯鍋中，續入牛腱肉，倒入 2,000c.c. 的水、鳳梨、做法 1.，先以大火煮滾，撈出浮沫，再以小火繼續煮 10 分鐘。
6. 加入胡蘿蔔片煮熟，等牛腱肉也熟了，加入蕃茄塊煮，取出牛腱肉切塊，放於一旁。湯料丟掉，留下湯汁，加入調味料拌勻成牛肉湯。
7. 鍋燒熱，倒入越南咖哩顆粒油，先放入蒜末、紅蔥頭末、辣椒末爆香，倒入牛肉湯拌勻。
8. 將豆芽菜放入湯碗中，依序放入粗米粉、牛肉塊，倒入牛肉湯，加入洋蔥圈、蔥花和九層塔，撒入辣椒粉，滴入金桔汁或檸檬汁即可享用。

Tips

自製湯包時，先將紅蔥頭、洋蔥和老薑烤過再加入烹調，可使湯汁更甜，且去除牛肉的腥味。

Hủ tiếu xương
清燉豬骨冬粉

難易度 ★★★　份量 ●●●○

清燉豬骨湯汁清爽不膩，Q 冬粉口感佳，主食最佳推薦！

重點食材

Q 冬粉

調味料包

Tips
Q 冬粉較一般冬粉來得粗，烹煮時需花較多一點的時間。

料理二三事
這道料理起源於柬埔寨，進入越南後改良了。柬埔寨是以絞肉和豬內臟烹調，但進入越南則以排骨，甚至有些地方會加上蝦肉、豬肝片、豬血烹煮。一般三餐都可以吃。

材 料
小排骨 400 克、Q 冬粉 1/2 包（約 200 克）、紅蔥頭 5 顆、洋蔥 1/2 顆、白蘿蔔 1 顆、乾魷魚 10 克、韭菜 100 克、蔥 3 根、香菜 3 根、豆芽菜 250 克、辣椒 1 根、綜合香菜（九層塔、刺芹）1 把、金桔 3 顆或檸檬 2 顆、老薑 7.5 克、水 1,800c.c.、研磨黑胡椒 7 克

調味料
調味料包 1 包（約 100 克）、鹽適量、糖 2 小匙、魚露 1 小匙

做 法

處理食材

1. 將 3 顆紅蔥頭剝外皮，1/2 顆洋蔥剝皮，老薑拍扁，將這三種食材用錫箔紙包起來，放入烤箱，以 150℃烤 10～15 分鐘。
2. 小排骨先洗淨，放入一鍋滾水中汆燙，撈起沖冷開水，備用。
3. 剩下的紅蔥頭切絲；白蘿蔔切圓厚片；乾魷魚泡軟後切絲；蔥和韭菜切長段；香菜切小段。

烹調食材

4. 鍋燒熱，倒入適量油，放入紅蔥頭絲爆香，撈出紅蔥頭絲。
5. 將 Q 冬粉放入滾水中煮熟，撈出沖冷開水，瀝乾水分，加一點油稍微翻拌。
6. 將小排骨、做法 1.、白蘿蔔片、乾魷魚放入湯鍋中，倒入 1,800c.c. 的水，先以大火煮滾，撈出浮沫，再以小火燉煮至肉變軟，加入調味料，起鍋。
7. 將部分豆芽菜放入湯碗中，依序放入韭菜段、Q 冬粉、小排骨，倒入湯汁，加入蔥段、香菜，撒上紅蔥頭絲、黑胡椒，同時搭配豆芽菜、綜合香菜、辣椒，滴入金桔汁或檸檬汁即可享用。

料理二三事

越南的烤豬肉料理中，一般會加入
蜂蜜、椰子汁提升香甜味。

Cơm thịt khìa nước dừa
滷肉片飯

難易度 ★☆☆　份量 ●●●○

獨特醬料的肉片香氣四溢，搭配酸爽蘿蔔絲清爽解油膩。

重點
食材

椰子汁

Tips

由於搭配的小黃瓜片、蕃茄片和米飯味道較淡，所以必須搭配重口味的醬汁食用。這裡我們選用酸辣魚露醬，可參照 p.15 製作，但是在加入鳳梨片後，可延長烹煮時間為 10 分鐘，做好的醬汁比較濃稠、濃郁。

材 料

白飯 3 碗、豬肉 300 克、小黃瓜 2 根、牛蕃茄 2 顆、蒜頭 1 顆、紅蔥頭 4 瓣、辣椒 2 根、蔥綠 3 根、椰子汁 150c.c.、水 50c.c.、酸辣紅白蘿蔔絲適量、薄荷 1 把

調味料

鹽適量、蜂蜜 2 小匙、糖 1 大匙、魚露 11/2 大匙、雞粉 1 小匙

醬 汁

酸辣魚露醬適量

做 法

處理食材

1. 豬肉切厚片；小黃瓜、牛蕃茄都切片；蔥綠切蔥花；酸辣紅白蘿蔔絲做法參照 p.49；酸辣魚露醬做法參照 p.15。
2. 蒜頭、紅蔥頭、辣椒（去籽）放入容器中搗碎，加入豬肉片攪拌，續入調味料翻拌均勻，放於一旁 20 分鐘。

烹調食材

3. 鍋燒熱，倒入適量油，先放入豬肉片稍微翻拌，倒入椰子汁、水，煮至汁液變得濃稠，而且肉片全熟，取出，洗鍋。
4. 鍋燒熱，倒入 60c.c. 的油，等油煮滾後倒入蔥綠拌一下，使散發出香氣，即成蔥油。

盛盤

5. 將白飯舀入碗中，再倒扣至盤子上，淋上蔥油。
6. 盤子上排入豬肉片、小黃瓜片、蕃茄片、薄荷和酸辣紅白蘿蔔絲，搭配酸辣魚露醬食用。

Phở xào chay
豆腐乾拌河粉

難易度 ★☆☆　份量 ●●●○

口感軟滑的河粉與滿滿蔬菜，
簡單烹調就能讓人吃飽。

重點
食材

河粉

Hủ tiếu xào đậu phụ sả ớt
炸香茅豆腐
涼拌 Q 冬粉

難易度 ★☆☆　份量 ●●●○

以香茅和魚露的香氣提味，素
食者、健身者絕不可錯過。

重點
食材

香茅　　　　冬粉

材料

河粉1/2包（約250克）、綜合菇（杏鮑菇、鮮香菇）250克、油豆腐3片、胡蘿蔔1/2條、洋蔥1/2顆、花椰菜1/3顆、玉米筍4根、香菜2根、紅蔥頭3瓣、醬油適量、辣椒醬適量

調味料

辣椒醬1大匙、越南醬油11/2大匙、鹽適量、糖1大匙、素雞粉2小匙、研磨黑胡椒1小匙、素蠔油1大匙

做法

處理食材

1. 杏鮑菇、鮮香菇切片；油豆腐切三角片；胡蘿蔔切片；花椰菜分成小朵；玉米筍切段；洋蔥切大片；紅蔥頭切末。

烹調食材

2. 將河粉放入滾水中煮熟，撈出沖冷開水，瀝乾水分，加一點油稍微翻拌。
3. 備一鍋滾水，放入花椰菜、玉米筍、胡蘿蔔片汆燙，瀝乾水分。
4. 鍋燒熱，倒入適量油，先放入紅蔥頭末爆香，續入調味料拌勻，再加入油豆腐片、杏鮑菇片、香菇片和洋蔥片翻炒。
5. 加入花椰菜、玉米筍、胡蘿蔔片炒熟，再加入河粉翻拌均勻。欲食用時，可搭配越南醬油和辣椒醬。

材料

Q冬粉1/2包（約200克）、雪白菇150克、油豆腐4片、胡蘿蔔1/2條、四季豆10根、芹菜1根、蔥3根、紅蔥頭5瓣、辣椒2根、香茅3根、蒜頭3瓣

調味料

魚露2大匙、鹽適量、糖2大匙、素雞粉2小匙

做法

處理食材

1. 雪白菇切掉底部，分成數小撮；油豆腐切片；胡蘿蔔切寬條；四季豆、芹菜和蔥都切段；紅蔥頭切片；辣椒切斜片；蒜頭切末。
2. 香茅像切蔥花般切碎，稍微壓一下。

烹調食材

3. 將Q冬粉放入滾水中煮熟，撈出沖冷開水，瀝乾水分，加一點油稍微翻拌。
4. 鍋燒熱，倒入適量油，先放入蒜末、紅蔥頭片、辣椒片和香茅碎爆香，續入調味料翻拌均勻，加入油豆腐片、雪白菇翻炒。
5. 加入胡蘿蔔條、四季豆炒熟，放入芹菜段炒熟，然後加入Q冬粉翻拌，最後加入蔥段翻炒出香氣即成。

料理二三事

在越南，粥品屬於家常菜，但在街市中也有販售。
通常是以魚、雞肉和豬肉煮粥，搭配涼拌的芭蕉花
絲食用，台灣比較難買到芭蕉花，所以改用高麗菜。

Cháo gỏi gà bắp cải

涼拌高麗菜
雞絲佐稀飯

難易度 ★★☆　　份量 ●●●○

營養的雞肉、豬肉與白粥完美融合，佐以生菜，炎夏時更能提升食慾。

重點
食材

高麗菜　　　辣椒魚露

材 料
小排骨 300 克、雞胸肉 300 克、高麗菜 1/4 顆、白米（蓬萊米）90 克、長糯米 10 克、草菇 40 克、胡蘿蔔 1 條、老薑 20 克、綜合香菜（九層塔、薄荷）1/2 把、金桔 4 顆、香菜 3 根、蔥 2 根、水 1,600c.c.、研磨黑胡椒 10 克

調味料
魚露 2 小匙、鹽適量、冰糖 7.5 克、雞粉 1 小匙

涼拌醬
魚露 21/2 大匙、糖 21/2 大匙、檸檬汁 2 大匙、鹽少許、蒜頭 3 瓣、辣椒 2 根

沾 醬
辣椒魚露適量

做 法

處理食材

1. 備一鍋滾水，分別放入小排骨、雞胸肉汆燙，撈出瀝乾。
2. 高麗菜切長條，加少許鹽稍微抓拌，倒入冰水，放 15 分鐘，瀝乾水分。
3. 草菇切半；胡蘿蔔去皮後切長條；10 克老薑切絲；10 克老薑拍扁；金桔切對半，蔥切蔥花。
4. 白米、長糯米混合後倒入炒鍋，以中小火炒至稍微呈金黃色，取出後正常洗米。

烹調粥品

5. 湯鍋倒入 1,600c.c. 的水煮滾，放入小排骨、雞胸肉、草菇和拍扁的老薑，煮至肉熟，撈除湯面的浮沫。撈出雞胸肉撕成絲，老薑丟掉。

6. 繼續加入白米、長糯米煮熟，倒入調味料拌勻，即成粥品。

製作涼拌高麗菜雞絲

7. 蒜頭、辣椒都切末，和魚露、糖、檸檬汁和鹽拌勻成涼拌醬。
8. 將高麗菜條、胡蘿蔔條、雞胸肉條和綜合香菜，倒入涼拌醬中拌勻。

盛碗

9. 將粥品倒入碗中，加入蔥花、香菜和黑胡椒，可放入老薑絲，滴入金桔汁，再搭配涼拌高麗菜雞絲食用。小排骨可沾辣椒魚露（參照 p.15）食用。

Tips

將白米、長糯米先炒過再煮，煮粥時比較省時間。此外，加入長糯米可增添粥的濃稠度，口感更佳。

Cơm cháy kho quẹt
鍋巴飯佐蔬菜

難易度 ★★★　　份量 ●●●○

鍋巴佐以鹹香風味的餡料，獨特的風味，當小菜、主食皆可。

重點食材

椰奶

蝦米

材 料

白飯 3 碗、五花肉和瘦肉共 300 克、蝦米 40 克、綜合蔬菜（秋葵、花椰菜、四季豆、高麗菜、胡蘿蔔）300 克、香菜 1 根、蒜頭 4 瓣、紅蔥頭 5 瓣、蔥 2 根、辣椒 3 根、研磨黑胡椒 5 克、椰奶 100c.c.、糖 1 小匙

調味料

雞粉 1 小匙、糖 3 大匙、魚露 41/2 大匙、水 60c.c.、辣椒醬 2 大匙

做 法

處理食材

1. 五花肉、瘦肉分別切成小塊；蝦米放入溫水中泡軟，擠乾水分。
2. 秋葵切掉蒂頭；花椰菜分成小朵；四季豆切段；高麗菜切大片；胡蘿蔔切長片。
3. 蒜頭切末；紅蔥頭切片；蔥綠切成蔥花；蔥白切段；辣椒切斜片。
4. 將椰奶倒入容器中，加入 1 小匙的糖拌勻，備用。

烹調食材

5. 鍋燒熱，放入五花肉丁乾炒，炒至出油且肉丁邊緣微焦，取出。
6. 原鍋燒熱，先加入蒜末、紅蔥頭片爆香，續入瘦肉丁稍微拌炒，加入調味料拌勻，再加入做法 5.、蝦米煮，煮至汁液變得濃稠，加入黑胡椒、辣椒片和蔥綠、蔥白翻拌，起鍋。

7. 備一鍋滾水，分別放入秋葵、花椰菜、四季豆、高麗菜片、胡蘿蔔片燙熟，瀝乾水分。

製作鍋巴

8. 炒鍋燒熱，倒入適量油，關火，倒入白飯。將鍋鏟沾底部過椰奶，再將白飯壓扁，鍋鏟底部每次都沾過椰奶再壓白飯，直到所有白飯都均勻壓平，開中火煎鍋巴，煎約 3 分鐘，以繞的方式淋入 3 大匙椰奶（多繞幾圈），等鍋巴散發香氣且呈金黃色，盛入大盤中。
9. 欲食用時，可將鍋巴剝成小片，沾裹做法 6. 品嘗，並且搭配秋葵、花椰菜、四季豆、高麗菜片、胡蘿蔔片等一起享用。

Tips

製作鍋巴時，可以使用導熱迅速的鐵鍋或鑄鐵鍋，完成的鍋巴口感更焦脆。此外，使用隔夜的飯製作更佳，所以許多人都將前一天吃剩的飯，拿來做這道料理。

料理二三事

這道鍋巴料理一般家庭也會烹調，可當作中餐、晚餐食用，而大多數餐廳也吃得到。鍋巴飯依個人喜好，有鹹甜味、全鹹味和甜味的，由於搭配食用的蔬菜都僅燙熟無調味，所以鍋巴飯中的肉口味會偏重。此外，也有人會加入蔥油、肉絲一起享用。

Tips

自製越南咖哩顆粒油

鍋燒熱，倒入 4 大匙油，
等油熱後倒入咖哩顆
粒，立刻蓋上鍋蓋，鍋
中的咖哩顆粒會因熱油
而發出啵啵爆聲，大約
幾秒後爆聲停止，打開
鍋蓋，濾出變成黑色的
咖哩顆粒，取油使用即
可。這種油具有濃郁的
香氣，並且呈粉紅色。

Bánh mì thịt
越南法國麵包

難易度 ★☆☆　　份量 ●●●○

滿滿的生菜與肉組成的越南三明治，搭配酸甜的紅白蘿蔔口味更清爽！

重點食材

越南咖哩顆粒

辣椒醬

魚露

材料

越南法國麵包 2 條、豬肉（全瘦肉或五花肉）450 克、椰子汁 1 瓶（約 310 c.c.）、水 50c.c.、小黃瓜 2 條、香菜 6 根、牛蕃茄 1 顆、酸辣紅白蘿蔔（參照 p.49）適量

醃料

蒜頭 3 瓣、紅蔥頭 3 瓣、辣椒 1/2 根、雞粉 1 小匙、糖 2 小匙、魚露 1 大匙、越南咖哩顆粒（curry seeds）5 克

醬料

紅蔥頭 3 瓣、蔥 3 根、牛蕃茄 2 顆、香菜 2 根、蠔油 1 小匙、越南醬油 1 小匙、辣椒醬 1 大匙、糖 8 克、水 70c.c.、芡汁（太白粉 5 克、水 15c.c.）、芝麻油少許

做法

醃豬肉

1. 蒜頭、紅蔥頭、辣椒捶打碎或拍扁後放入容器中，加入整塊豬肉，續入雞粉、糖、魚露和越南咖哩顆粒油（做法參照 p.30），稍微攪拌，冷藏醃約 2 個小時。

烹調豬肉

2. 鍋燒熱，倒入 2 大匙油，等油熱後，放入醃好的豬肉、醃料中的蒜頭碎、紅蔥頭碎和辣椒碎（醃料水先不要丟），以中火煎至豬肉表面稍微熟。

3. 加入椰子汁、醃料水和 50c.c. 的水煮約 15 分鐘，將豬肉翻面，煮至肉汁成稍濃的液體且豬肉上色，豬肉起鍋，鍋中的醬汁先舀出。

製作醬料

4. 紅蔥頭切片；蔥切蔥花；牛蕃茄去籽後切小丁；香菜切小丁。

5. 鍋燒熱，倒入 1 大匙油，放入紅蔥頭片爆香，取出備用。

6. 原鍋加入蔥白、牛蕃茄丁和做法 3. 舀出的醬汁，續入蠔油、醬油、辣椒醬、糖和水稍微煮，倒入調好的芡汁拌勻。

7. 加入蔥綠、香菜丁、做法 5. 的紅蔥頭片，最後滴些芝麻油稍微拌一下，即成醬料。

組合法國麵包

8. 豬肉切薄片；小黃瓜切長條；香菜洗淨；牛蕃茄切半後再切薄片。

9. 法國麵包放入烤箱中烤熱，且表皮酥脆，然後以刀橫剖，但不要剖斷。

10. 在法國麵包內依序排上小黃瓜片、香菜，淋上醬料，再排上牛蕃茄丁、紅白蘿蔔和肉片，再淋一點醬料即成。

材 料
牛蕃茄 1 顆、小黃瓜 1 根、綜合香菜（薄荷、九層塔、香菜）1 把、豆腐 4 片、雪白菇 50 克、法國麵包 1 條、酸辣紅白蘿蔔絲適量

調味料
糖 2 小匙、素雞粉 1 小匙、越南醬油 2 大匙、蠔油 1 大匙、鹽少許、辣椒醬 1 大匙

杏鮑菇醬
杏鮑菇 1 根、蔥 1 根、香菜 1 根、越南咖哩顆粒 5 克、越南醬油 11/2 大匙、蠔油 1 大匙、辣椒醬 11/2 大匙、糖 1 小匙、素雞粉 1 小匙、研磨黑胡椒少許、椰子汁 180c.c.、辣椒 1 根、太白粉 5 克、水 15c.c.

Bánh mì sốt tương nấm
蔬食法國麵包

難易度 ★★☆　份量 ●●●○

以自己喜愛的蔬菜、菇類為餡料，搭配特調醬汁，就是優雅輕鬆的一餐！

重點食材

油豆腐　　杏鮑菇

Tips

❶ 也可以將豆腐片、雪白菇一起夾入法國麵包中食用。

❷ 食譜中使用的是越南法國麵包，比較短，長度僅一般法國麵包的三分之二長，如果買不到，也可以用一般法國麵包製作。

做 法

處理食材

1. 牛蕃茄切片；小黃瓜切長片；油豆腐切三角片；雪白菇切掉底部，分成數小撮；辣椒切斜片；酸辣紅白蘿蔔做法參照 p.49，切細絲。

製作杏鮑菇醬

2. 杏鮑菇切末；蔥切成蔥花；香菜切小丁；辣椒切斜片；太白粉和水拌勻。

3. 鍋燒熱，倒入越南咖哩顆粒油（做法參照 p.30），先加入蔥白爆香，續入杏鮑菇末翻炒，倒入醬油、蠔油、辣椒醬、糖、素雞粉和黑胡椒調味，再倒入椰子汁煮滾，慢慢倒入拌勻的太白粉水勾芡，最後加入蔥綠、香菜丁和辣椒片即成。

烹調食材

4. 鍋燒熱，倒入適量油，先放入油豆腐片、雪白菇稍微翻炒，倒入調味料煮熟。

組合法國麵包

5. 法國麵包放入烤箱中烤熱，且表皮酥脆，然後以刀橫剖，但不要剖斷。

6. 在法國麵包內依序排上蕃茄片、小黃瓜片、綜合香菜和酸辣紅白蘿蔔絲，淋上杏鮑菇醬。

7. 可搭配炒好的油豆腐片、雪白菇一起享用。

→ 料理二三事

越南曾受法國
殖民，飲食受到
許多影響，其中越
南法國麵包便是其中
之一。經過口味當地化
的越南法國麵包（越南風
三明治），麵包較小、較軟，
夾餡種類豐富，除了肉片、越
南扎肉等，也會夾入各種菇類、
蔬菜、酸辣紅白蘿蔔絲，搭配各類
醬汁、醬油食用，通常當作早餐、中
餐，街邊小攤都買得到。

Bánh xèo
越南煎餅

難易度 ★★☆　　份量 ●●●○

蛋香四溢的餅皮包著餡料，搭配生菜，沾著酸辣魚露醬食用最對味。

重點食材

越南蛋餅粉

椰奶

材料

越南蛋餅粉 1 包、小黃瓜 3 條、五花肉 300 克、蝦仁 200 克、綜合香菜（薄荷、香菜、魚腥草、九層塔、大陸妹或美生菜）500 克、蒜頭 4 瓣、涼薯 350 克、蔥 4 根、雞蛋 1 顆、椰奶 1 罐（約 400c.c.）、水 510c.c.、鹽 1/2 小匙、雞湯粉 1/2 小匙

調味料

雞湯粉 2 小匙、研磨黑胡椒 1 小匙、魚露 11/2 大匙、糖 1 大匙、鹽少許

醬汁

酸辣魚露醬適量

做法

處理食材

1. 小黃瓜切片；五花肉切小塊；蝦仁挑去腸泥；蒜頭切末；涼薯去皮後切條；蔥切蔥花。
2. 雞蛋攪拌均勻，放入冰箱冷藏約 15 分鐘；酸辣魚露醬做法參照 p.15。

製作煎餅糊和餡料

3. 將蛋餅粉倒入大鋼盆中，加入椰奶、510c.c. 的水、蛋液、鹽和雞湯粉攪拌均勻，過濾，再加入蔥花拌勻成煎餅糊。
4. 鍋燒熱，倒入適量油，先放入蒜末爆香，續入五花肉塊、蝦仁炒熟，加入調味料，再加入涼薯條翻拌炒熟，起鍋，即成餡料。

包煎餅

5. 平底鍋燒熱，以廚房紙巾沾油，平均抹在鍋面，讓鍋子表面布滿油，先舀入適量的煎餅糊，搖晃平底鍋，使煎餅糊布滿整個鍋面。如果鍋面某處沒有煎餅糊，必須補好。
6. 舀入 1 大匙餡料，蓋上鍋蓋，加熱約 1 分鐘。打開鍋蓋，在煎餅皮邊緣再抹一點油，然後將煎餅皮蓋摺一半，使成半圓形，取出。繼續操作至煎餅糊和餡料用完。
7. 欲食用時，以生菜包裹一塊煎餅和餡料，再搭配小黃瓜片、綜合香菜，沾著酸辣魚露醬享用。

Tips

做法 6. 中，打開鍋蓋在蛋餅皮邊緣再抹一點油，會讓蛋餅皮邊更脆，口感更有層次。

Rau củ chiên thập cẩm
越南酥炸盤

難易度 ★★☆　份量 ●●●○

**炸得香酥可口的蔬菜立刻品嘗，
搭配辣椒醬，美味更升級！**

重點
食材

辣椒醬　　越南酥炸粉

Tips

❶ 油炸食材時，因為蔬菜炸熟的時間不同，建議分次放入油鍋炸，而且也能保持鍋中的油溫。

❷ 將所有食材清洗並切完之後，再開始調麵糊。此外，麵糊中加入冰塊調成冰麵糊，有助於炸好的蔬菜口感更酥脆、風味更佳。

❸ 這道炸蔬菜可以選用甜椒、芋頭、南瓜等比較硬的蔬果製作。

材料

越式酥炸粉1包（約150克）、冷開水150c.c.、薑黃粉1小匙、冰塊2塊、金針菇50克、杏鮑菇30克、胡蘿蔔1/2條、芋頭40克、茄子1/2條、紅甜椒1/2顆、黃甜椒1/2顆、四季豆6根、花椰菜1/3顆、沾裹用麵粉適量

沾醬

辣椒醬適量

做法

> **處理食材**

1. 金針菇切掉底部，分成數小撮；杏鮑菇切片；胡蘿蔔、芋頭去皮後切片；茄子切斜片；紅、黃甜椒去籽後切條；四季豆切段；花椰菜分成小朵。

> **調製麵糊**

2. 將酥炸粉倒入容器中，倒入水、薑黃粉拌勻成麵糊，加入2塊冰塊再次拌勻，不要過度攪拌，拌勻即可。

> **炸食材**

3. 鍋中倒入炸油燒熱，將一塊麵糊丟入油鍋中，若麵糊快速浮起來（約170℃）就可以開始炸蔬菜。

4. 麵糊稍微拌一下。將每種食材先沾上一層麵粉，再裹上麵糊，然後分次放入油鍋中炸，炸至食材熟了（浮起），瀝乾油分。

5. 盤中排上酥炸蔬菜，可沾著辣椒醬食用。

Part4

Cold! Desserts & Drinks
沁涼！甜點飲品

東南亞盛產熱帶水果，

芒果、椰子、香蕉口味的甜點，

都是前往旅遊的必點美食。

現在即使沒有出國，自家也能輕鬆自製甜點和飲品。

此外，作者分享多道越南咖啡，

以及獨家越式優格的做法，

讓讀者好好品嘗經典的越式風味。

Rau câu cà phê nước cốt dừa
咖啡椰奶凍

難易度 ★☆☆　　份量 ●●●●

**兩種果凍如山水畫般的交織，
兼具口感風味與視覺享受。**

重點
食材

越南進口果凍粉　越南咖啡粉
（原味）

Tips

咖啡凍液、椰奶凍液完成後，在尚未入模
之前，要不斷地攪拌，以免凍液在入模之
前就凝固了，無法順利倒入玻璃容器中。

材料

越南進口果凍粉（原味）25 克、水 1,200c.c.、
越南咖啡粉 70 克、熱水（97℃）220c.c.、椰奶
150c.c.、煉乳 70c.c.、糖 150 克、冰糖 100 克

做法

製作咖啡液、椰奶凍液

1. 越南進口果凍粉（原味）加 1,200c.c. 水
   拌勻，泡 30 分鐘。
2. 參照 p.117 煮好越南咖啡，過濾，約可
   取得 130c.c. 的咖啡液。
3. 椰奶倒入鍋中，加入煉乳拌勻，煮至稍
   微溫熱即可。
4. 將做法 1. 倒入鍋中煮滾，滾了之後以中
   小火再煮約 8 分鐘，加糖、冰糖拌勻。
5. 取兩個耐熱容器 A、B。煮好的椰奶倒
   入容器 A，加入 500c.c. 的做法 4. 拌勻。
   越南咖啡倒入容器 B，加入剩下的做法
   4. 拌勻。

果凍液入模

6. 取一個方形大容器，先倒入容器 B 的咖
   啡液，約容器的 4 公分高（第一層），
   等在室溫下表面出現薄膜（結皮），以
   湯匙隨意淋入容器 A 的椰奶凍液，可淋
   約 1 公分高（第二層）。

畫出圖案、冷藏

7. 用小湯匙插入液體中，舞動般地劃開，
   使果凍液呈大理石般的圖案，放於一旁
   約 10 分鐘。
8. 放入冰箱冷藏約 2 個小時，倒扣取出，
   切成適當的塊狀即成。

➥ **料理**二三事

這款甜點是越南的家常點心，除了
常見以咖啡凍液、椰奶凍液組成
的，另外還有再加入綠色香蘭葉凍
液組合的，成品更多色且美觀。

Rau câu dừa
南洋椰奶凍

難易度 ★★☆　份量 ●●●●

晶瑩剔透的三層水晶凍，清爽的椰奶香氣，享受東南亞道地的甜點

重點食材

椰奶

越南進口果凍粉
（椰奶味）

Tips

❶ 白色凍液、綠色凍液和透明凍液完成後，在尚未入模之前，要不斷地攪拌，以免凍液在入模之前就凝固了，無法順利倒入玻璃容器中。

❷ 可以手指觸摸，確認第一層綠色凍液表面出現薄膜（結皮），才能輕舀入第二層白色凍液且抹勻；同樣的第二層表面出現薄膜（結皮），再舀入第三層透明凍液且抹勻。

以手指處確認有薄膜（結皮）

輕輕舀入凍液並抹勻

材 料

越南進口果凍粉（椰奶味）12 克、椰子汁 1,200c.c.、糖 100 克、冰糖 50 克、椰奶 200c.c.、煉乳 60c.c.、香蘭精 6 滴、水適量

做 法

製作白色、綠色、透明凍液

1. 越南進口果凍粉（椰奶味）加糖攪拌，倒入 1,200c.c. 的水拌勻，泡 30 分鐘。
2. 將做法 **1.** 倒入鍋中煮滾，加入冰糖拌勻，再以中小火煮 5 分鐘。
3. 香蘭精倒入一些水調顏色，依個人喜好調配深淺。
4. 將做法 **2.** 分成 A、B、C 三等分。A 等分：加入 100c.c. 的椰奶、30c.c. 的煉乳，拌勻成白色凍液。B 等分：加入 100c.c. 的椰奶、30c.c. 的煉乳、香蘭水，拌勻成綠色凍液。C 等分：維持不變，即透明凍液。

果凍液入模

5. 取一個方形大玻璃容器，先倒入第一層綠色凍液，約容器的 2 公分高，等在室溫下表面出現薄膜（結皮），再倒入第二層白色凍液，同樣約容器的 2 公分高。
6. 等第二層白色凍液表面出現薄膜（結皮），再倒入第三層的透明凍液，約容器的 2 公分高（三層共 6 公分高），放於一旁約 10 分鐘。

冷藏

7. 放入冰箱冷藏約 2 個小時，倒扣取出，切成適當的塊狀即成。

Khao niao mamuang
泰式芒果糯米

難易度 ★☆☆　份量 ●●●○

淡鹽、充滿椰香的糯米飯搭配芒果，泰國的國寶甜點美食，一吃上癮！

重點食材

芒果

長糯米

Tips

❶ 製作椰醬時，務必以小火加熱，以免椰奶的香氣流失。

❷ 椰醬中加入些許鹽，吃起來才不會膩，並且能增加濃稠度。

材 料
芒果 1 顆、長糯米 200 克、椰奶 140c.c.、鹽少許、炒香的花生碎適量

椰 醬
太白粉 1 大匙、在來米粉 1/2 小匙、水 20c.c.、椰奶 250c.c.、煉乳 20c.c.、鹽少許

做 法

處理食材

1. 將太白粉、在來米粉和水拌勻，倒入小鍋中，備用。
2. 芒果肉切十字格紋或切片。
3. 長糯米以清水洗 1～2 次；炒香的花生做法參照 p.20，放入塑膠袋中壓成碎塊。

烹調糯米飯

4. 將做法 3. 倒入電鍋內鍋，加入椰奶和鹽，外鍋倒入 1 杯水，蓋上鍋蓋，按下開關，煮至開關跳起，再續燜約 10 分鐘。

製作椰醬

5. 將椰奶、煉乳和鹽拌勻，倒入做法 1. 中，以小火一邊攪拌至起小泡泡，即可關火。

盛盤

6. 將糯米飯舀入碗中，再倒扣至盤子上，依序排上芒果，淋入椰醬，撒上花生碎即成。

↪ **料理**二三事

這是泰國最知名的傳統點心，但在東南亞國家中，從街邊小攤到高級餐廳，都有這道點心。大多以椰奶煮的香Q糯米飯，搭配一口大小的芒果片一起食用。在泰國，一般使用果肉纖維較少、果型尾巴尖尖的金煌芒果製作。

↘ 料理二三事

香蘭葉又叫七蘭葉、班蘭葉，具有天然的芋頭香
味，可以取汁烹調，或做成香蘭精，是東南亞料理
中常見到的綠色染料，多用來製作娘惹糕、湯圓、
甜粥等。香蘭精可在東南亞商店中購得。

Chè nếp khoai môn
芋頭香蘭葉甜湯

難易度 ★★☆　　份量 ●●●○

以獨特的香蘭葉搭配芋頭，甜味中帶有
南洋濃郁香氣。

重點
食材

芋頭

香蘭精

材 料

芋頭 300 克、長糯米 200 克、水 400c.c.、
香蘭精 6 滴、糖 180 克、椰奶 1 罐（約
400c.c.）、在來米粉 10 克、水 15c.c.、糖
1 大匙、鹽 1/3 小匙

Tips

烹煮椰漿時，椰奶要以小火烹調至溫熱即可，
切勿用中火烹調，以免椰奶喪失香氣。

做 法

處理食材

1. 芋頭去皮後切塊，放入蒸鍋中蒸熟。
2. 長糯米泡水約 8 個小時。
3. 在來米粉加 15c.c. 的水、1 大匙的糖
   和鹽拌勻

烹調香蘭芋頭粥

4. 將 250c.c. 的水倒入鍋中，加入香蘭
   精拌勻，然後倒入做法 2.，以小火
   煮至糯米變黏，加入芋頭塊，倒入
   150c.c. 的水，繼續煮至糯米熟了。
5. 取 250c.c. 的椰奶、糖拌勻，然後倒
   入做法 4. 中，以小火煮 5～7 分鐘。

製作椰醬

6. 將剩下的 150c.c. 的椰奶倒入鍋中以
   小火煮，等煮至溫熱，慢慢加入做
   法 3. 攪拌約 30 秒鐘，即成椰醬。
7. 將香蘭芋頭粥倒入湯碗中，淋入椰
   醬即可享用。

Sữa đậu xanh
綠豆仁椰奶

難易度 ★☆☆ 　份量 ●●●●

有別於中式傳統的綠豆湯吃法，
加入椰奶更有不同的風味！

重點
食材

綠豆仁　　　椰奶

Chuối chiên
炸香蕉

難易度 ★☆☆ 　份量 ●●●○

炸過的香蕉散發獨特的果香，口
感Q軟，下午茶點心的新選擇。

重點
食材

香蕉　　　炸香蕉粉

材 料

綠豆仁 250 克、椰奶 400c.c.、水 900c.c.、炒香的花生 20 克

調味料

鹽少許，冰糖 60 克，煉乳 15c.c.、香蘭精 3 滴

做 法

處理食材

1. 綠豆仁泡溫水約 1 個小時，瀝乾水分。
2. 炒香的花生做法參照 p.20。

烹調綠豆仁椰奶

3. 將做法 1. 倒入鍋中，加入 500c.c. 的水煮，等水煮滾，倒掉一些滾水表面的白色泡泡，留下剛好可蓋過綠豆仁的水即可，繼續煮到綠豆仁熟，撈出綠豆仁，放涼，洗鍋。
4. 將 400c.c. 的水倒入鍋中，倒入椰奶，加入煮好的綠豆仁煮滾，加入調味料拌勻，放涼。
5. 將做法 4. 倒入果汁機中攪打均勻，倒入容器中，欲食用時，撒上炒香的花生即成。

材 料

炸香蕉粉 1/2 包（約 125 克）、香蕉 4 根、蛋黃 1 顆、水 125c.c.、熟白芝麻 2 大匙

調味料

糖 2 大匙、鹽少許、薑黃粉 1 小匙

做 法

處理食材

1. 香蕉去皮，壓扁成片狀。
2. 將炸香蕉粉、蛋黃和調味料倒入容器中，慢慢加入 125c.c. 的水攪拌均勻，然後包上保鮮膜，放入冰箱冷藏約 20 分鐘。

炸香蕉餅

3. 將壓扁的香蕉兩面都沾裹做法 2.。
4. 鍋中倒入炸油燒熱，將一根筷子放入油鍋中，若筷子邊緣有起油泡（約 160℃），即可放入做法 3. 的香蕉，先炸至一面呈金黃色，翻面再炸至呈金黃色，撈出瀝乾油分。
5. 將炸好的香蕉盛盤，撒上熟白芝麻即成。

Chè khoai lang nước cốt dừa
椰香地瓜甜湯

難易度 ★★☆　份量 ●●●○

綿密的地瓜搭配濃郁的椰奶，
加上 Q 彈的小珍珠，夏日美味
甜點。

重點食材

薯粉粒　　　　　彩色澱粉條

Tips

烹煮椰醬時，椰奶要以小火烹調至溫熱
即可，切勿用中火烹調，以免椰奶喪失
香氣。

材料

地瓜約350克、薯粉粒20克、彩色澱粉條20克、
冰糖80克、椰奶1罐（約400c.c.）、水415c.c、
在來米粉10克、糖1大匙、鹽1/3小匙

做法

處理食材

1. 地瓜去皮後切塊，放入蒸鍋中蒸熟。
2. 薯粉粒泡水 30 分鐘，彩色澱粉條泡水
   30 分鐘，使其變軟。
3. 將在來米粉、15c.c. 的水、糖和鹽拌勻。

烹調食材

4. 將地瓜、400c.c 的水倒入鍋中煮滾，再
   繼續煮約 5 分鐘。
5. 加入薯粉粒，以中小火繼續煮滾，煮至
   薯粉粒七成以上熟了，倒入 250c.c. 的椰
   奶、彩色澱粉條和冰糖，煮至所有食材
   都熟了。

製作椰醬

6. 將剩下的 150c.c. 的椰奶倒入鍋中以小火
   煮，等煮至溫熱，慢慢加入做法 3. 攪拌
   約 30 秒鐘，即成椰醬。
7. 將做法 5. 倒入湯碗中，淋入椰醬即可
   享用。

Momochacha
摩摩喳喳

難易度 ★★☆　　份量 ●●●○

最受歡迎的東南亞甜點，配料豐盛、椰奶香甜，一碗就大大滿足！

重點食材

椰奶　　　綠豆仁

材料

綠豆仁 100 克、酪梨 11/2 顆、荔枝果肉 12 顆、新鮮椰子果肉 1 顆份量、葡萄果凍適量、椰果凍適量、水梨丁料適量、粉條料適量、特製椰奶適量、糖水適量

水梨丁料

水梨 2 顆、紅肉火龍果 20 克、太白粉 150 克

粉條料

太白粉 110 克、熱水 76c.c.、香蘭精 5 滴

特製椰奶

椰奶 1 罐（約 400c.c.）、新鮮椰子汁 1 顆份量、鮮奶 350c.c.、香草粉 3 克、鹽少許

糖水

水 100c.c.、糖 130 克、老薑 5 克

做法

處理食材

1. 參照 p.105 煮好綠豆仁；酪梨去皮後切塊；火龍果擠出果汁；水梨去皮後切丁；椰子果肉切條。

煮水梨丁

2. 水梨丁分成兩等分，一半放入**容器A**，倒入火龍果汁攪拌，使成紅色。另一半水梨丁放入**容器B**，維持原色。

3. 在**容器A**中先倒入 45 克的太白粉抓拌，再倒入 30 克太白粉抓拌均勻，整個放入篩網中，篩掉多餘的太白粉顆粒，**容器B**也以同樣的方式操作。

4. 備一鍋滾水，先放入**容器B**的水梨丁，煮至水梨丁外層呈透明且浮起來，撈出放入冰水泡 2 分鐘，瀝乾水分。**容器A**的紅色水梨丁以同樣的方式操作。

煮粉條

5. 將熱水倒入鍋中，滴入香蘭精拌勻。

6. 將太白粉倒入容器中，慢慢倒入做法 5. 拌成綠色粉團。用手掌根部稍微搓揉一下麵團，再搓成一條條綠色粉條。

7. 備一鍋滾水，放入做法 6.，以大火煮滾約 5 分鐘，呈透明且浮起來，撈出放入冰水泡 2 分鐘，瀝乾水分。

製作特製椰奶和糖水

8. 將椰奶、椰子汁和鮮奶倒入鍋中，以小火煮至微溫，加入香草粉、鹽拌勻即成特製椰奶。

9. 老薑拍扁。將水、糖和老薑煮滾，即成糖水。

10. 將適量的綠豆仁、酪梨丁、荔枝、椰子果肉、葡萄果凍、椰果凍、水梨丁、粉條都放入容器中，倒入特製椰奶、糖水即成。

Tips

一般東南亞是使用榴槤果肉、荸薺、山竹、紅毛丹和亞達枳，但考慮到食材不容易取得，所以這裡改用酪梨、水梨、荔枝等水果。

Chè bắp
玉米甜湯

難易度 ★☆☆　　份量 ●●●○

玉米獨特的口感搭配微香的甜湯，彷彿兒時的玉米雪花冰般，入口就上癮！

重點食材

玉米

椰奶

Trà sả tắc
香茅金桔茶

難易度 ★☆☆　　份量 ●●●○

香茅獨特的水果和薰衣草風味，加上微酸的金桔汁，口味清爽。

重點食材

香茅

金桔

材料

玉米 2 條、冰糖 80 克、糖 40 克、太白粉 25 克、生白芝麻 60 克、炒香的花生 40 克、水 1,285c.c.、椰奶 150c.c.、在來米粉 10 克、糖 1 大匙、鹽 1/3 小匙

做法

處理食材

1. 炒香的花生做法參照 p.20，放入塑膠袋中壓成碎塊。
2. 太白粉倒入 70c.c. 的水拌勻。
3. 將在來米粉、15c.c. 的水、1 大匙糖和鹽拌勻。
4. 白芝麻放入乾鍋，以小火炒至呈金黃色且散發香氣。

烹調玉米甜湯

5. 鍋中倒入 1,200c.c. 的水，放入玉米煮熟，取出切下玉米粒，再玉米粒放回鍋中以小火煮約 5 分鐘，瀝乾水分，湯汁要留下。
6. 將冰糖、40 克糖加入做法 5. 的湯汁中拌勻，再倒入做法 2. 一直攪拌，直到呈透明，加入玉米粒攪拌約 2 分鐘，即成玉米甜湯。

製作椰醬

7. 將椰奶倒入鍋中以小火煮，等煮至溫熱，慢慢加入做法 3. 攪拌約 30 秒鐘，即成椰醬。
8. 將玉米甜湯倒入湯碗中，淋入椰醬，撒上花生碎、白芝麻即成。

材料

香茅 5 根、金桔 10 顆、老薑 60 克、冰糖 130 克、鹽少許、立頓紅茶包 3 包、蜂蜜 3 大匙、水 700c.c

做法

處理食材

1. 取 4 根香茅切段後壓扁，1 根僅切段，之後用於裝飾。
2. 取 7 顆金桔擠出汁，3 顆金桔切掉蒂頭，之後用於裝飾。
3. 老薑去皮後壓扁。

烹調香茅金桔茶

4. 取 700c.c 的水倒入鍋中煮滾，加入切段後壓扁的香茅、老薑、冰糖和鹽煮滾，再改成小火繼續煮 5 分鐘，關火，即成茶汁。先取出 150c.c. 的茶汁倒入杯中，這一鍋茶汁則蓋上蓋子，燜約 20 分鐘。
5. 在 150c.c. 那杯茶汁中，放入紅茶包，3 分鐘後先取出紅茶包，丟棄。
6. 那鍋茶汁燜完 20 分鐘後，取出香茅、老薑，把做法 5. 倒入，再加入金桔汁和蜂蜜拌勻，即成金桔香茅茶。
7. 將 1 顆金桔、裝飾用的香茅放入杯中，倒入金桔香茅茶即成。

Đá me

羅望子飲

難易度 ★★☆　　份量 ●●●○

濃郁酸甜的冰涼羅望子飲品，一口飲料一口花生碎，夏天最消暑。

重點
食材

羅望子

炒香花生

Tips

羅望子飲中的羅望子如同蜜餞般酸甜，吃的時候只吃果肉，籽不可以食用。

材料

羅望子 280 克、熱水 320c.c、糖 300 克、鳳梨 1/2 顆、老薑 5 克、炒香的花生碎 150 克、白芝麻 50 克、碎冰塊適量

做法

處理食材

1. 將一塊塊羅望子放入熱水中攪拌，使成羅望子汁。
2. 老薑壓成薑泥。
3. 鳳梨果肉切小丁；鳳梨芯取汁，丟掉渣。
4. 炒香的花生做法參照 p.20，放入塑膠袋中壓成碎塊。
5. 白芝麻放入乾鍋，以小火炒至呈金黃色且散發香氣。

烹調食材

6. 將鳳梨丁、鳳梨汁倒入鍋中，加入糖攪拌並開始煮，煮滾之後改成小火慢煮，煮至鳳梨丁、鳳梨汁融合。
7. 倒入羅望子汁，以小火繼續煮，煮至液體變得濃稠，加入老薑泥、白芝麻攪拌至散發出香氣，即成羅望子飲。
8. 將做法 7. 倒入杯中，約至杯子的 1/4 高，然後倒入炒香的花生碎，約至杯子的 1/2 高，最後放入碎冰塊至滿，即可享用。

Cà phê trứng
蛋黃咖啡

難易度 ★☆☆　　份量 ●●●○

綿密的奶泡與苦甜咖啡，慢慢
品嘗獨特的風味。

重點
食材

蛋黃

越南咖啡粉

Cà phê bọt biển
泡沫咖啡

難易度 ★☆☆　　份量 ●●●○

咖啡與泡沫風味完美結合，喜
愛甜味飲品的人不可錯過！

重點
食材

鮮奶

越南咖啡粉

材 料

越南咖啡粉 50 克、熱水
150c.c.（97℃）、蛋黃 6
顆、糖 11/2 大匙、煉乳 3
大匙、蜂蜜 3 大匙

做 法

<kbd>製作越南咖啡</kbd>

1. 參照 p.117 煮好越南咖啡，過濾，約可取得 90c.c. 咖啡液。

<kbd>調製蛋黃咖啡</kbd>

2. 取 2 顆蛋黃倒入容器中，加入 1/2 大匙糖、1 大匙煉乳和 1 大
   匙蜂蜜，以攪拌器打發至濃郁且滑順。
3. 將 30c.c. 的越南咖啡倒入杯中，微波加熱約 30 秒鐘。
4. 將做法 2. 倒入做法 3. 即成。
5. 另外 2 杯也以同樣的方法操作即可。

材 料

越南咖啡粉 40 克、熱水
110c.c.（97℃）、鮮奶
450c.c.、糖 18 克

做 法

<kbd>製作越南咖啡</kbd>

1. 參照 p.117 煮好越南咖非，過濾，約可取得 65c.c. 的咖啡液。

<kbd>調製泡沫咖啡</kbd>

2. 將咖啡液分成 3 等分，倒入 3 個杯子中。
3. 先取一杯咖啡液，加入 6 克糖，以攪拌器攪打至泡沫綿密為止。
4. 取出放在冰箱冷藏？個小時以上的鮮奶，取 150c.c. 的鮮奶倒
   入杯中，舀入做法 3.。
5. 另外 2 杯也以同樣的方法操作即可

Cà phê sữa đá
越南煉乳咖啡

難易度 ★★☆　份量 ●●●○

風味特殊的咖啡中加入煉乳、冰塊，冰冰得喝，更能享受咖啡的苦甜滋味。

重點食材

煉乳　　越南咖啡粉

材料
越南咖啡粉 70 克、熱水 220c.c.（97 ℃）、煉乳 75c.c、碎冰適量

做法

製作越南咖啡

1. 參照 p.117 煮好越南咖啡，過濾，約可取得 130c.c. 的咖啡液。

調製越南煉乳咖啡

2. 將咖啡液分成 3 等分，倒入 3 個杯子中。
3. 先取一杯咖啡液，加入 25c.c. 的煉乳攪拌均勻。
4. 加入碎冰往下戳。
5. 另外 2 杯也以同樣的方法操作即可。

同場加映　如何製作越南咖啡

越南咖啡（Cà phê sữa đá）在北越叫做「冰牛奶咖啡」，在南越則稱作「牛奶咖啡加冰」，它是以獨特的越南咖啡滴漏壺製作，由於濾壓片上有多個小孔洞，所以不需要使用濾紙。咖啡滴漏壺的材質多為不鏽鋼製、鋁製，不鏽鋼製的比較不會發臭且好清理。以下要教讀者們製作越南咖啡，學會了還可以變化出其他咖啡風味的飲料喔！

器具
越南咖啡滴漏壺、咖啡杯、手沖壺、電子秤、溫度計

材料
越南咖啡粉、煉乳、熱水（97℃）

倒入熱水溫杯。

倒入咖啡粉。

將有孔洞的濾壓片置於咖啡粉上，施力向下填壓，也可以用筷子或湯匙輔助下壓，將咖啡粉壓緊、壓平。

注入熱水。

蓋上上蓋。

開始滴滴萃取出咖啡精華。

完成一杯越南咖啡後，可加入煉乳、碎冰一起享用。

Tips

有些越南咖啡滴漏壺的濾壓片是一片平的，沒有附把手，這時就得用筷子或湯匙輔助下壓，使咖啡粉能壓平。

Cha yen

泰式奶茶

難易度 ★☆☆　份量 ●●●○

在充滿濃郁香氣、香草味和甜度的泰式奶茶裡加入冰塊，冰冰地喝，沁涼無比。

重點
食材

手標奶茶　　　煉乳

料理二三事

大部分的泰國奶茶是以國民品牌「手標牌」的茶葉製作，其茶葉是種植在富含氧化鐵的土壤中，土質是呈現酸性的紅色土，所以茶葉也染上橘紅色，因此沖泡出橘紅色的茶湯，成了泰式奶茶的一大特色。

材料

泰國紅茶葉 15 克、滾水 500c.c.、煉乳 30 克、鮮奶 100c.c.、冰塊適量

做法

沖泡茶湯

1. 將紅茶葉裝入茶包袋中，放入滾水浸泡約 5 分鐘，泡出橘紅色的茶湯。
2. 以濾網過濾茶湯，濾掉細碎的茶葉。

調製奶茶

3. 將過濾好的茶湯倒入容器中，先加入煉乳拌勻，再倒入鮮奶拌勻，即成奶茶。
4. 將奶茶倒入杯中，加入適量的冰塊即可飲用。

Tips

❶ 這裡使用的是最常見的泰國手標牌紅茶，已磨成細粉，所以很細碎，建議第一次煮好茶湯之後，要反覆過濾掉茶葉渣，以免影響口感。

❷ 材料中的煉乳含糖，所以沒有額外再加入糖，但如果覺得不夠甜，可酌量加入適量糖。

Cha yen
越式優格

難易度 ★★☆　份量 ●●●○

酸酸甜甜的優格冰沙搭配水果醬，放入冷凍庫，冰冰的最好吃！

重點食材

百香果　　原味優酪乳

材料

AB 無加糖原味優酪乳 450c.c.、全脂鮮奶 946 c.c.、煉乳 1 罐（約 400c.c.）、熱水（約 90℃）200c.c.、百香果 6 顆、糖 35 克

做法

處理食材

1. 電鍋外鍋擦乾淨，電鍋內鍋洗完後擦乾淨。
2. 百香果取出果肉，和糖攪拌，備用。

製作優格

3. 將煉乳倒入內鍋，加入熱水攪拌均勻，然後加入鮮奶，再以同方向攪拌均勻。
4. 加入優酪乳，同方向攪拌均勻。
5. 將做法 4. 移入電鍋中，外鍋不需加入水，蓋上鍋蓋，按下開關，煮至開關跳起，拔掉電源，直接蓋著鍋蓋，放約 18 個小時，過程中不可以打開鍋蓋。

製作百香果醬

6. 取一個小鍋，倒入做法 2.，以小火攪拌至稍微勾芡即可起鍋。放涼了之後，包起來放入冰箱冷藏。
7. 等 18 個小時後打開電鍋鍋蓋，用乾淨的湯匙攪拌均勻，然後將做好的優格倒入乾淨的小容器中，加上百香果醬，蓋上蓋子，放到冰箱冷凍，大約 7 個小時後可食用。

Tips

❶ 可將做好的優格放入大的容器中保存，每次舀出一些直接享用，或是搭配百香果醬、其他果醬食用。

❷ 小容器可以使用布丁瓶、保羅瓶等有蓋子的容器。

料理二三事

常見的越式優格是以「煉乳＋鮮奶＋原味優酪乳」等食材，不加任何添加物，直接發酵製成，需花費 15 ～ 18 個小時發酵。成品大多以冷凍保存，品嘗時，口感類似綿密的冰沙，非常特別，通常會加入水果醬食用，是很常見的越南家庭點心。

材料這裡買

東南亞食材店除了集中於各縣市火車站周邊、台中東協廣場之外，各縣市都有不少實體商店，建議讀者們前往之前，可先去電詢問。此外，網路商店也能輕鬆購得，省下交通時間。

網路商店

時尚東南亞	https://shopee.tw/moneycomeshop
天天東南亞商行	https://shopee.tw/a0975638184
IvyStore	https://shopee.tw/ivy_store2020
泰菲印越 2.0	https://shopee.tw/tfiv2.0
Y.G.H 東南亞商城	https://shopee.tw/shinefield
ivythaingochue	https://shopee.tw/ivythaingochue
鳳凰號的幸福人生	https://tw.bid.yahoo.com/booth/Y3174972258
新超行東南亞食品	https://shopee.tw/pipi7413
玉皇國際貿易有限公司	https://www.bigkingcity.com.tw/shopping.html
亞灣的生活百貨舖	https://shopee.tw/wuyijing
VIETNAM Food & Zakka	https://shopee.tw/gamy2021

實體店面〈北部〉

EEC 東南亞食品台北地下街店	台北市大同區市民大道一段 13 號（靠近北一門 Y4 出口）
EEC 東南亞食品	（02）2596-2889 台北市中山北路三段 39 號
RJ supermarket	（02）2591-4377 台北市中山區中山北路三段 37 號
INDEX 南洋百貨（大安店）	0962-063-781 台北市大安區四維路 198 巷 47 號 1 樓
INDEX 南洋百貨（萬華 2 店）	0981-964-742 台北市萬華區國興路 32 號
越南食品專賣店	（02）2939-8450 台北市文山區指南路 1 段 6 號
文如越南食品行	（02）2936-8281 台北市文山區開元街 22 號
東南亞食品店	（02）2938-6698 台北市文山區木新路三段 95 巷 4 弄 1 號 3106
蓮之鄉東南亞食品專賣店	（02）2938-6698 台北市文山區木新路三段 310 巷 6 弄 4-1 號
阿琳越南食品	0986-189-537 台北市北投區中央南路一段 33 號
Toko INDO SAN（東南亞雜貨店）	0983-423-788 台北市信義區莊敬路 341 巷 12 號
拉亞商行（東南亞雜貨店）	（02）2793-3407 台北市內湖區內湖路二段 313 號
大發東南亞雜貨	（02）2977-1593 新北市三重區河邊北街 256 巷 41 號
美華越南雜貨店	（02）2986-7837 新北市三重區自強路二段 40 巷 20 號
越南印尼商店	（02）8919-3738 新北市新店區建國路 102 巷 3 號

永發東南亞食品	（02）2210-2119 新北市新店區富貴街 9 巷 10 號
昀龍百貨批發零售	（02）2242-4267 新北市中和區連城路 133-1 號
金鷹商行（金鷹商店）	（02）2946-8189 新北市中和區華新街 34 號
彩虹印尼商店	0905-164-939 新北市中和區忠孝街 67 號
曼第一緬甸商店	0981 342 448 新北市中和區華新街 46 號
五股越南雜貨店	0920-447-498 新北市五股區成泰路三段 595 號
越南雜貨店	0987-012-463 新北市新莊區瓊林路 98-1 號
EEC 東南亞食品（新莊店）	（02）2908-6793 新北市新莊區中正路 516-35 號
飛萊商行東南亞百貨	（02）8966-5928 新北市土城區四川路一段 21 號
EEC 東南亞食品（樹林店）	（02）8687-3570 新北市樹林區鎮前街 51 號
Big King 東南亞超商	（03）218-0713 桃園市桃園區大林路 100 號
佶洋貿易有限公司	（03）377-2233 桃園市桃園區建國路 112 號

〈中、南、東部〉

倫威企業有限公司	（04）2317-7070 台中市西屯區水中街 50 號 1 樓
CLC Mart 東南亞聯合超市旗艦店	0916-203-878 台中市中區綠川西街 135 號 2 樓 -1
玉凰國際貿易有限公司	（04）798-0799 彰化縣伸港鄉定興路 134-5 號
INDEX 南洋百貨（斗六 2 店）	0925-180-300 雲林縣斗六市民生路 205 號
EEC CHIAYI（東南亞食品嘉義分店）	（05）225-2928 嘉義市東區林森西路 216 號
INDEX 南洋百貨（嘉義店）	0931-041-921 嘉義市西區新榮路 186 號
hello 東南亞百貨	（06）222-6111 台南市永康區中正路 215 號
廣一超市	（06）221-1111 台南市永康區永大路三段 622 巷 70 弄 29 號
Big King 東南亞百貨進口批發超市	（07）234-1345 高雄市三民區建國二路 249 號
EEC 東南亞食品（德賢店）	（07）360-1381 高雄市楠梓區德賢路 108 號
佳易便利商店	（07）811-9306 高雄市前鎮區前鎮街 234 號
進益食品行	（07）746-2880 高雄市鳳山區維新路 50 號
金銀越南雜貨店	0908-272-629 高雄市楠梓區德民路 282 號
吉倉.Xin Chào Mini House 越南食品	（08）868-6522 屏東新園鄉興安路 385 號
亞灣的生活百貨舖	0937-681-589 屏東縣萬丹鄉社口村南北路二段 1051 號
泰灃東南亞雜貨店	（03）823-6312 花蓮縣新城鄉花師街 13 號

Cook50212

酸辣開胃！ 東南亞涼拌、主食、甜點和飲品

詳細食材介紹與做法說明，料理新手也能學的南洋風美食

作者	陳友美 Yumi
攝影	林宗億
底圖	Vecteezy.com
	freepik.com
美術設計	鄭雅惠
編輯	彭文怡
校對	翔縈
企畫統籌	李橘
總編輯	莫少閒
出版者	朱雀文化事業有限公司
地址	台北市基隆路二段 13-1 號 3 樓
電話	02-2345-3868
傳真	02-2345-3828
劃撥帳號	19234566　朱雀文化事業有限公司
e-mail	redbook@hibox.biz
網址	http://redbook.com.tw
總經銷	大和書報圖書股份有限公司 (02)8990-2588
ISBN	978-986-06659-5-6
初版一刷	2021.08
定價	380 元

出版登記 北市業字第 1403 號

國家圖書館出版品預行編目 (CIP) 資料

酸辣開胃！東南亞涼拌、主食、甜點
和飲品：詳細食材介紹與做法說明，
料理新手也能學的南洋風美食 / 陳友
美 Yumi 著初版 . 台北市：朱雀文化，
2021.08
面：公分（Cook50：212）
ISBN 978-986-06659-5-6（平裝）
1. 食譜
427.1

About 買書

●實體書店：北中南各書店及誠品、金石堂、何嘉仁等連鎖書店均有
販售。建議直接以書名或作者名，請書店店員幫忙尋找書籍及訂購。
●●網路購書：至朱雀文化網站購書可享 85 折起優惠，博客來、讀冊、
PCHOME、MOMO、誠品、金石堂等網路平台亦均有販售。
●●●郵局劃撥：請至郵局窗口辦理（戶名：朱雀文化事業有限公司，
帳號 19234566），掛號寄書不加郵資，4 本以下無折扣，5〜9 本 95 折，
10 本以上 9 折優惠。